科学家或许是错的

SCIENTISTS
MAY BE INCORRECT

人类与人体

徐牧心　李　敏◎编著

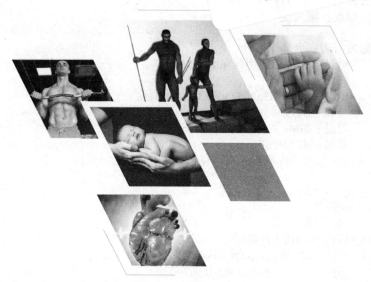

大连出版社
DALIAN PUBLISHING HOUSE

© 徐牧心 李敏 2020

图书在版编目（CIP）数据

科学家或许是错的. 人类与人体 / 徐牧心，李敏编
著. —大连：大连出版社，2020.8（2024.5重印）
ISBN 978-7-5505-1567-3

Ⅰ. ①科… Ⅱ. ①徐… ②李… Ⅲ. ①科学知识—少儿
读物②人类—少儿读物 ③人体—少儿读物 Ⅳ. ①Z228.1
②Q98-49 ③R32-49

中国版本图书馆CIP数据核字(2020)第101532号

科学家或许是错的·人类与人体
KEXUEJIA HUOXU SHI CUO DE · RENLEI YU RENTI

责任编辑： 金　琦
封面设计： 林　洋
责任校对： 安晓雪
责任印制： 温天悦

出版发行者： 大连出版社
　　地址： 大连市西岗区东北路161号
　　邮编： 116016
　　电话： 0411-83620573 / 83620245
　　传真： 0411-83610391
　　网址： http：// www.dlmpm.com
　　邮箱： dlcbs@dlmpm.com
印 刷 者： 永清县晔盛亚胶印有限公司

幅面尺寸： 165 mm × 230 mm
印　　张： 7.5
字　　数： 100千字
出版时间： 2020年8月第1版
印刷时间： 2024年5月第2次印刷
书　　号： ISBN　978-7-5505-1567-3
定　　价： 38.00元

目录
MULU

人类篇

人体篇

人类篇

地球上的生命是怎样诞生的?

按照生物进化的观点，人是由猿变来的，猿是由更简单的生命变来的，生命就是这样从简单到复杂、从低级到高级发展起来的。那么由此上溯到地球上最简单、最低级的生命，即最早的生命，又是怎样开始的呢?

在蒙昧无知的年代里，人们总是用想象和神话来解释生命的起源，如女娲造人、上帝创造万物，等等。到了中世纪，有人发现腐肉中长出蛆和昆虫来，而青蛙和老鼠总是在泥土堆和霉麦堆里出现，就提出了"自然发生论"。这种观点认为，许多生物可以自然而然地在某一个地方突然产生出来。

1668 年，有一位名叫雷地的意大利医生对这种观点产生了怀疑，就动手做了这样一个试验。他将肉块放在瓶子里，有的盖上细布，有的不盖，结果发现加盖布的瓶子里的肉不长蛆，却在盖布上发现了很多苍蝇卵。这个试验给了"自然发生论"一个致命的打击，它有力地证明，没有蝇卵的肉不论腐烂多久都不会长出蛆来。

生命既不是神创造的，也不可能是自然产生的，那么地球上最初的生命是从哪里来的呢? 对于地球上生命的起源问题，科学家展开了长期的争论，但至今也没有得出一致的意见。

　　有的科学家认为,地球上的生命最早来自太空。在很久很久以前,地球的大气层没有现在这么厚,陨石就成了地球的常客。它们好像蒲公英一样携带着生命的本质物质,每一次降临都意味着越来越多的生命物质在地球上落地生根。又由于火山爆发、星云大爆炸等不断产生激波,一次次地刺激着生命物质,生命便诞生并成长起来了。

　　这种"生命外来说"并没有得到大部分科学家的赞同,持反对意见的科学家认为,生命是地球在一定环境里自己产生出来的。苏联生物化学家奥巴林提出了一个著名的假说。他认为,大约在50亿年前,地球的运动很激烈,巨大的能量促使大气层中的无机分子变成有机分子。那时大雨频繁,大气中的氢、二氧化碳、氨和甲烷分子随着雨水进入原始的海洋中。它们相互碰撞结合,产生出了各种有机物质，渐渐地发展成为原始的生命。

1935 年，美国学者米勒决心用试验来验证奥巴林的设想。他模拟原始地球的气候条件，制造出了类似原始大气层的气体，把它装进"U"形真空管里，不断将其加热并放射人工电火花。一个星期后，米勒惊异地发现，真空管里居然产生了一些氨基酸。要知道，氨基酸是构成蛋白质的基本单位，在非生命物质里是不可能有氨基酸的。

米勒的这个试验立刻震动了整个科学界，很多学者纷纷进行类似的试验，结果表明，无机物完全有可能合成有机物。那么，从氨基酸到真正的生物细胞又是怎样演变的呢？生物学家福克斯认为，氨基酸分子在适宜的条件下会结合成一种微球体，这种微球体可以发展成为生物细胞。福克斯经过 20 多年的研究，已经在实验室里生产出了这种微球体。

还有一部分学者把以上两种学说结合在一起。他们认为，原始大气中的氨基酸是在太空中生成的，地球利用自己强大的引力使氨基酸降临到地面，于是生命就成了真正意义上的地球之子。

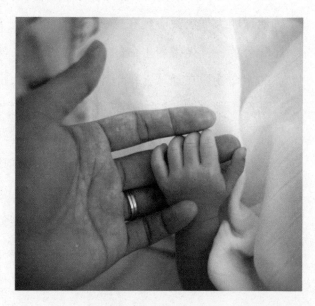

近年来，日本科学家中泽弘基也提出了关

于地球生命起源的假说。他认为，形成生命最基本成分的氨基酸和核酸等有机低分子物质沉积于海底后，随着地壳的变迁而被卷入地球深处。在地球深处高温高压的作用下，氨基酸和核酸等有机低分子物质转变成蛋白质等有机高分子物质。

中泽弘基的新说与以往科学家提出的众多假说一样，都有待于进一步论证，但这种论证是很不容易的，因为人类无法将自身置于那个没有生命的年代。不过，科学家们都确信，地球上的最初生命不管是什么，都一定具有繁殖下一代的能力，还懂得把有关自己的资料以遗传的方式传给下一代，从而把生命延续下去。

科学小讲堂

巴斯德与曲颈瓶试验

雷地所做的试验以及其他一些科学家的反复验证，曾一度动摇了人们对"自然发生论"的信念，可是当微生物被发现后，有些科学家又相信至少像微生物这样"最小的"生物体该是自生的。为了驳斥这种说法，法国微生物学家巴斯德把意大利生物学家斯帕兰扎尼做过的试验重新做了一遍。他在圆瓶里灌进一些酵母汤，把瓶颈焊封严实，煮沸几分钟后搁置了一段时间。结果表明，瓶里并没有生长出微生物来。

这个试验结果并没有彻底驳倒"自然发生论"的追随者，他们坐在巴斯德的书房里嚷道："酵母汤产生小生物所需要的是自然的空气，你把酵母汤和天然的空气放在一起加热，这怎么能行呢？"

面对对方的指责，巴斯德经过冥思苦想，终于设计出了一种只让天然空气进入而不许其中的微生物进入的仪器，这就是著名的曲颈瓶。试验结果再次表明，微生物不能自然产生。在一次盛会上，巴斯德讲述了他的试验过程和结果，高声宣布道："'自然发生论'经过这简单试验的致命一击后，绝不能再爬起来了！"

地球上的生命有可能来自太空吗？

生命起源于太空并不是一个新鲜的话题。早在古希腊时代，哲学家阿那萨格拉斯就提出，宇宙中到处都存在着生命的种子。19世纪初，法国化学家路易斯·巴斯德提出，地球上根本不可能自发地产生生命。到了20世纪末，瑞典著名的化学家阿列纽斯又提出了"宇宙胚种论"。他认为，宇宙生命可以孢子的形式存在于宇宙空间，在光的压力推动下，从一个星球飞往另一个星球。阿列纽斯所说的孢子并不是植物的种子，而是泛指类似孢子的微小的原始生命胚种。

阿列纽斯的假说提出后，很快就受到有关研究者的质疑。尽管孢子能抵抗寒冷和真空，却无法抵抗宇宙间高能射线的杀伤，那么孢子能否生存就很成问题了。这个质疑对于"宇宙胚种论"是致命的，于是阿列纽斯的假说便被人们抛弃了。

然而，科学的发展往往是曲折迂回的。随着研究的不断深入，天文学家从天外陨落的陨石中发现了起源于星际空间的无机物，其中包括构成地球生命的全部要素。由此可见，生命来自太空的可能性是完全存在的。

20世纪70年代，英国卡迪夫大学的天文学家弗雷德·霍伊尔教授用大肠杆菌做了一个模拟试验，结果在紫外线0.22微米的波长

范围内，找到了与奇怪的星际消光现象相吻合的吸收带。接着，日本的薮下幸助用大肠杆菌做了更详尽的研究，得出的结果与霍伊尔稍有差异，但基本相同。这些结果都可以证明，星际空间确实有可能存在着生命物质的痕迹。

1985年，英国人彼得·威伯所做的试验又使人们对阿列纽斯的假说做出重新评价。威伯把枯草杆菌放在模拟的宇宙环境中（即气压低到七亿分之一个大气压以下的真空条件，温度为 $-263\,^{\circ}\mathrm{C}$）进行紫外线照射，发现枯草杆菌比在高温条件下更能耐紫外线的照射，其中有10%可以存活几百年的时间。如果把枯草杆菌置于含有水、二氧化碳的分子云里，根据各种数据推测，它可以存活几百万年甚至几千万年。这个结果使人相信，分子云足以把生命的种子从一个星球移向另一个星球，从而撒向四面八方。

2000年10月19日，著名的《自然》杂志报道说，一组研究人员在美国新墨西哥州的盐结晶中找到了藏身2.5亿年的细菌孢子。这个发现的意义是相当深远的，它意味着细菌孢子是近乎不死的。如果真是这样的话，几十亿年的恒星际旅行又算得了什么呢？

随着科学研究的不断拓展和深入，生命起源于太空的假说越来越受到人们的重视，不过现在下结论还为时尚早。

谁是人类的祖先？

从各个民族的神话传说中不难看出，人类很久以前就迫切地想知道自己的祖先是谁，但直到 19 世纪才有科学家提出人与猿同祖的猜想。但在当时，还没有找到任何一块化石来证明从猿到人的进化过程，所以这种猜想不时受到怀疑。

近百年来，陆续发现了一些古猿的化石，可以证明人类是由古猿演变和发展而来的，但由于人们所能找到的古猿化石及遗物数量极少，又很零碎，无法彻底了解古代猿类和古人类当时的真实面貌，所以至今国际学术界对于人类的起源问题仍然争论不休。

一部分学者认为，全世界的人种是由各种不同的古猿演化而来的，这一派的学说称为"多祖论"。另一部分学者认为，全世界人类起源于同一种古猿，这一派的学说称为"一祖论"。大多数学者倾向于"一祖论"，然而古猿种类很多，究竟哪一种古猿才是人类真正的直系祖先呢？

有些学者主要从胚胎学和比较解剖学入手，分别从卵的发育、躯干和四肢的比例、脊椎、骨盆、头骨、手、足一直到脑的结构等方面做了比较，推测类人猿可能是人类的祖先。很多学者却不同意上述论断。他们认为，类人猿在体质结构和其他许多特征上虽然与人类相似，但"相似"不等于"相同"，因此只能是旁系亲属，不可能是直系亲属。用分类学的术语说，类人猿和人类都属于灵长目，但不属于同一个科，两者相距还比较远。也就是说，这二者都是由某种更早的古猿演化而来的。

那么这个更早的古猿又是谁呢？很多学者认为，这就是腊玛古猿，可以把它们作为人和类人猿的共同祖先的活样板。美国科学家利用扫描电子显微镜，发现腊玛古猿牙齿珐琅质上的菱形晶体呈锁柱状，与人类的颇为相似，而与类人猿的显著不同。美国古人类学家甘特指出，这个特征是腊玛古猿作为人类远祖的"第一个最有力的证据"。

英国人类学家里基在对非洲腊玛古猿上颌骨化石的研究中发现，其犬齿窝与人类的很相似。犬齿窝是用来固定一块有助于说话的筋

肉的，使发音器官可以发出比较清晰的音节。由此可以推断，腊玛古猿很可能已经有了说话的能力。经考古研究发现，腊玛古猿虽然还不会制造工具，但能够使用石块和树枝等天然工具，而且有吃植物和动物的习惯。然而，近年来有些学者对腊玛古猿的所谓似人科特征提出了怀疑，甚至持否定态度。他们认为，腊玛古猿不是人科的最早成员，只是人类发展系统中的一个旁系。

于是，又有一部分古人类学家提出，南方古猿是从猿的系统中分化出来的人科早期成员，代表着人类在进化过程中的一个环节或一个发展阶段。一般古猿的脑容量为400~500毫升，而南方古猿非洲种中有一支其脑容量达到了680~775毫升，相当于现代人脑容量的1/3~1/2。由此似乎可以断定，最早跨入人类门槛的是南方古猿。

另一些古人类学家却对此持否定意见，他们认为，"完全形成的人"是同时并存的。南方古猿虽然具有"正在形成中的人"的某些特征，但没有发展成人。它们只是人类发展系统中的旁系，距今约100万年前最终灭绝了。

俾格米黑猩猩是人类
现存的最近亲族吗？

1929 年，一位名叫爱恩斯特·斯瓦尔兹的德国解剖学家，在博物馆中不止一次地看到一种灵长目动物的头骨。斯瓦尔兹认为，这种动物有可能是一种至今未知的原始猿类，于是就把它归入亚种黑猩猩。后来，动物学家在扎伊尔（现今的刚果民主共和国）的热带雨林中发现了这种罕见的动物，把它命名为"俾格米黑猩猩"，俗

称"侏儒黑猩猩"，人们习惯上称它们"博诺博黑猩猩"。

人类学家通过长期观察发现，俾格米黑猩猩比普通的黑猩猩更为和善，它们的交往方式也更为多样化，彼此经常分享食物，还经常直立行走。和一般黑猩猩不同的是，它们常常面对面地交配。于是有些人类学家认为，俾格米黑猩猩或许就是人类现存的最近亲族。

为了确定这个结论，一个世纪以来，不同领域的科学家们努力从不同的角度来加以论证。有些人类学家把俾格米黑猩猩和在埃塞俄比亚发现的南方古猿做了比较，发现这二者在脑容量、身材大小等方面都非常相像。血象分析表明，俾格米黑猩猩的血型都是相同的，与人类的 A 型血相似。

上述结果都证明，俾格米黑猩猩和原始人类很可能源自同样的祖先，但目前还没有足够的证据表明俾格米黑猩猩是我们人类的最近亲族。然而，无论将来的结论是肯定的还是否定的，俾格米黑猩猩比一般的黑猩猩都不寻常，很容易让人们联想起自己。

黑猩猩和人类是同一个祖先吗？

在现存的各种猿类动物中，长臂猿与人类的关系最远，猩猩、黑猩猩、大猩猩与人类的亲缘关系较为接近。那么在这三者中谁最有可能和人类拥有同一个祖先呢？

长期以来，这个问题一直找不到解答的途径，直到分子生物钟理论的诞生，才为人们提供了一个较为科学的理论依据。根据分子生物钟理论，如果两种生物起源于同一个祖先，那么就一定拥有源于共同祖先的同源分子，这个分子就是近代遗传学揭示出来的 DNA（脱氧核糖核酸）。

科学家们对数千种动物的 DNA 分子做了约 2 万个测定后，认为 450 万年来动物 DNA 的变化约为 1%。然后他们又比较了人类、黑猩猩、大猩猩、猩猩、长臂猿等的 DNA 分子，发现人类与黑猩猩的 DNA 分子

差异最小，约为 1.9%，由此还可以推算出人类和黑猩猩是在 700 万 ~800 万年前由共同的祖先分化出来的。

这个结论刚一公布出来，立刻遭到了一些学者的反对。他们认为，仅凭 DNA 分子的差异来断定动物之间的亲缘关系，而完全排斥传统的解剖学是武断的。

黑猩猩的确有些通人性。科学家曾试图让黑猩猩取代人去做一些简单的工作，如照顾婴儿等，试验结果表明，黑猩猩全都胜任有余。但是在找到更有力的证据之前，还不能最后下结论说黑猩猩就是人类的"表兄弟"。

科学小讲堂

腊玛古猿

人类的祖先是猿，但并不是所有的猿都是人类的直系祖先，有些猿是人类的"伯父"，有些猿是人类的"叔父"。被大多数人类学家认为是人类祖先的腊玛古猿生活在距今 1500 万 ~1000 万年前，最早是在印度和巴基斯坦交界的西瓦利克山发现的，于是便用印度古代史诗中的一个英雄王子罗摩的名字来命名。1976 年在我国云南禄丰县石灰坝煤窑中发现了一个相当完整的腊玛古猿的下颌骨化石，它是世界上已发现的同类标本中最完整、最接近于人类的古猿化石，时间距今 1000 多万年。据估计，禄丰县的腊玛古猿的身体有黑猩猩那样大小，吻部短缩，犬齿不发达，但具有比其他动物略高一等的智力，能够直立行走。

人类是从海里诞生的吗？

　　古人类学家告诉我们，古猿是人类的远祖。古人类学家又告诉我们，南猿和猿人是人类的近祖。那么，在古猿之后南猿之前，人类的祖先是什么模样呢？他们生活在哪里呢？由于缺乏化石资料，科学家们至今也未能圆满地回答这一问题。

　　英国人类学家爱利斯特·哈代提出了一个新奇而大胆的学说，他认为，在这几百万年的岁月中，人类既不是生活在森林里，也不是生活在草原上，而是生活在茫茫大海里。哈代的这个假设的确有些异想天开，但并不完全是荒诞的。地质史表明，距今800万~400万年前，在非洲的北部和东部，曾经有大片洼地被海水淹没，有一部分古猿被迫下水，进化成为水生的海猿。

水中生活的特殊条件使得古猿进化出了两足直立、控制发声等本领。几百万年过后，海水退去了，海猿重返陆地，已经为直立行走、解放双手、发展语言等重大进化步骤打下了基础。与海猿同时期生活在地球上的古猿，并没有全都进化成人类，其原因很可能就在这里。

哈代还指出，人类身上至今还留下了不少海猿的遗迹。这些特征在和人类同属于灵长目动物的猿类、猴类身上找不到，而在海豚、海豹等水生哺乳动物身上却能找到。几乎所有的陆生动物对食盐的需要都有非常精细的感觉，盐少时渴求，盐多时拒绝。而人类却没有这种感觉，体内缺盐也不渴求，摄入食盐过多也不自我抑制。

人类的潜水本领也远远超过其他灵长目动物。古人类学家在发现猿人化石的地方，还发现了一堆堆贝壳，这表明猿人曾以海洋中贝类为食，而这些贝类大多数是生活在深海中的牡蛎、贻贝，如果猿人没有极好的潜水本领，是不会采到这些贝类的。另外，人类在屏息潜水时的生理反应，也和海洋哺乳动物类似。

如此说来，人类真的是在大海中诞生的了？现在这样说还为时过早，如果有一天找到了海猿的化石，才有希望揭开这个自然之谜。

尼安德特人到哪里去了？

　　杜塞尔多夫城是德国著名诗人海涅的故乡，在离城不远的地方，有一条名叫尼安德特的河谷。1856 年，采石工人在河谷南侧的石灰岩峭壁上发现了一个山洞，在洞中的土层里发掘出了一副人的骨架化石，上边有 14 块骨头，还包括一个头骨。据测定，这是一个男性个体，年龄为四五十岁，额骨向后倾斜，枕骨突出，头骨高度较小，但脑容量较大，约为 1230 毫升。

　　这些化石出土后，曾引起过长时间的争论。1864 年，爱尔兰的解剖学家金氏经过详细研究后肯定，这是一个人类新种，并把他定名为尼安德特人，简称"尼人"。

　　尼人代表着人类历史上的一个重要阶段，其化石在欧洲、亚洲等广大地区都有发现。这说明一二十万年前的地球，曾经是尼人的世界。

　　尼人比起他们的前辈直立猿人，有了很大的进步。他们已经能够制造出相当精致的工具，出自他们之手的石器很薄，刃口锋利。北京猿人只会用火、借火、存火，而尼人则学会了用燧石摩擦取火。尼人还开始思考生命的活力来自何处、人死后到何处去这样的问题。在罗马附近的一个山洞里，有个尼人的头下放着石器，在他的周围整齐地排列着 74 件石器工具，身上还放着红色的氧化铁粉。很显然，这是有意安葬的，似乎是希望死者能恢复生命的活力，到新的世界里继续使用陪葬的工具。

但是，大约在 7 万年前，兴旺一时的尼人突然销声匿迹了，从历史舞台上悄然消失，智人走上了人类历史舞台。尼人到哪里去了呢？这成了人类学上的悬案之一，也是人类学界热烈争论的问题。

第一种观点认为，造成尼人灭绝的直接原因是他的语言能力低下。科学家们对尼人的头骨化石与现代成年人、婴儿、黑猩猩的头骨进行比较，塑造出尼人的声道模型，用计算机测定尼人的发音能力，结果发现，尼人的声道像婴儿和黑猩猩一样，还是单道共鸣系统，发音能力十分有限，只能通过改变口腔的形状来改变声音。语言能力落后就势必影响到思想交流和种群的进步，因而尼人发展滞缓，逐渐趋于灭绝。

第二种观点认为，尼人灭绝是由近亲通婚造成的。尼人生活在较小的群体内，实行群内通婚。由于近亲交配，这就必然造成人种退化。尼人眉脊突起，额骨收缩，直立姿势反而不如猿人，走起路来一定踉踉跄跄。落后的直立姿势使尼人行动缓慢，反应迟钝，在狩猎、御敌中处于不利地位，渐渐地就灭绝了。

第三种观点认为，尼人是被智人消灭或同化掉了。智人的体质形态和智慧要比尼人发达，在与尼人的斗争中处于优势地位。他们就像先进民族消灭落后民族一样，消灭了尼人。很多出土的尼人化石上有受伤的痕迹，这可能是与智人搏斗后留下的。也有可能剩下了一小部分尼人，他们在与智人通婚后，就慢慢地被同化了。

对于尼人灭绝的原因，人类学家至今还不能做出确切的回答，但随着古人类学研究的深入和考古发现的增多，人类历史上这朦胧模糊的一章，一定会变得越来越清晰。

科学小讲堂

尼人与野人

尼人当时分布非常广泛，其踪迹遍布欧亚非三大洲，数量一定很可观。据此有些人类学家认为，智人既不可能把全世界的尼人消灭干净，也不可能将他们全部同化。最大的可能是在与智人的斗争失败后，一部分尼人被迫退居荒野，停止了进化，成为人类发展道路上的旁支。

苏联学者基米特里·巴耶诺夫在翻阅了大量历史文献后，认为尼人确实留有后代。罗马古籍中曾有这样的记载：公元前86年，罗马将军苏拉在地拉琼遇到过森林之神，他口齿含糊，音调刺耳，说话像马嘶鸣。公元2世纪时的地理学家波桑·尼斯曾留下这样的记录："森林之神只有人的形状，没有一般的人性。"这里所说的森林之神就是尼人。在迦太基人制造的陶瓷上也描绘了一种人形动物，很像是尼人。据此推测，尼人一直生存到有史时期，与人类并行生活着。巴耶诺夫认为，现在通常所说的野人，很可能就是尼人的后代。

人类为什么会直立行走？

　　两三万年前，在热带和亚热带的森林里生活着一种古猿，它们是我们人类和现代类人猿共同的祖先。后来，有一支古猿改变了原来的生活方式，前后肢在生存活动中出现了分化，渐渐直立起来，最终进化成了人类。而那些一直在树上生活的古猿前后肢始终没有分化，因而就没有进化成直立行走的人类。

　　从这个过程中不难发现，直立是从猿进化到人迈出的关键一步。而那些最终成为人类祖先的古猿，为什么会直立起来呢？

　　长期以来，很多学者都坚持认为直立行走是双手解放的结果。古猿在不断地进行地面劳动、制作工具、握物以及用各种手势做表达的过程中，前肢变得越来越灵巧，重要性也越来越大，于是走路的任务就逐渐全部交给了后肢，这时就出现了直立行走的人类。

　　这种说法虽然只是推测，却言之有理，因此很有说服力。不过，有些学者却提出了完全相反的意见。他们认为，先有直立的古猿，然后才有双手的解放。游览动物园的时候，你不妨注意观察一下猩猩的手脚，就会发现它们都与人的手接近，而不是与人的脚接近。古猿也是一样，它们手脚的构造都有利于抓住树枝，在树上活动。后来可能是由于地球的气候发生了巨大变化，大片森林消失了，一部分古猿不得不去过陆地生活。地面活动的增加，自然会使前肢的工作变得繁忙而复杂起来，后肢只好承担起行走的主要任务。刚开始时前肢还能起一些作用，后来就连这点儿作用也推给了后肢，于是后肢就发展成了脚。实际上这不是进化，而是退化，人类的脚更接近于牛蹄或马蹄，与其他灵长目差别很大。

　　不管具体的进化过程是怎样的，直立行走都不可能是古猿自觉的选择，只能是被动的结果。有化石资料表明，人类在大脑开始进化之前，就已经用两只脚直立行走了。对古猿来说，直立行走并不一定有很多好处。四足行走容易隐蔽，而直立行走容易暴露目标；四足行走容易在地面觅食，而直立行走会增加觅食的强度和难度；四条腿跑得相对快一些，而两条腿跑得比较慢。从进化的角度来看，

直立行走也给人类带来了许多在四足动物身上看不到的病症，如椎间盘脱出、疝气、内脏下垂、痔疮、扁平足等。既然如此，当时肯定有一种来自外部的力量推动古猿直立行走。如果不是这样，很难想象古猿为什么非要站起来不可。要知道，在地面上生活的动物有很多，但它们只是偶尔做人立状，如熊。

有一种意见认为，当古猿从森林里来到很难寻找藏身之处的大草原上时，还没有学会直立行走，而它们又没有尖牙利齿，无法抵御其他野兽的攻击，因而常常要后肢着地观察远方的敌人或寻找食物，时间一长，就学会用两条腿走路了。

还有一种意见认为，后来进化成人类的那支古猿，在身体结构上本来就与其他古猿不同，有可能某些地方类似于大袋鼠，后肢特别发达，前肢相对较小，而且前后肢有着大致的分工。随着智力的发展，这些古猿的脑部越来越重，使得身体的重心不断往后倾，为了保持平衡，便逐渐直立起来。

科学家告诉我们，直到3000年前，人类还保持着比较前倾的姿势，直到今天，人类的直立行走姿势仍然在不断改进。可以想见，古猿从四足着地发展到直立行走，肯定经过了一段相当漫长的时间，其中发生过许许多多的事情，而这么大一段空白完全留给现代人用想象去填补，显然是很难填补完整的。

北京猿人生活在山洞里吗？

从 1921 年起，在北京附近周口店的一座名叫龙骨山的洞穴内，陆续发现了不少古人类化石。1929 年 12 月 2 日，中国考古学者裴文中发掘出了第一个完整的头盖骨，它很像人的头盖骨。经过研究和测定，确认它是猿人的头盖骨。这种猿人被定名叫中国猿人或北京猿人，在分类学上叫直立人。

从发现北京猿人化石的山洞里，人们找到了一些石器，它们被有意识地加工成尖和刃的形状，还有使用磨损过的痕迹。另外，与其他石器时代原始人的遗址一样，山洞中也发现了制作石器用的石锤和石斧，还有未加工的石料。这一切都表明，北京猿人生活起居在山洞里。

在山洞里堆积的兽骨上边，大多留有人工打碎的痕迹。看来，一部分是北京猿人吃野兽时敲碎的，很大一部分则是制作的骨器。这也说明北京猿人是生活在山洞里的。

然而，美国的一些古人类研究人员却提出了不同的意见，他们认为，北京猿人有可能暂时在山洞里安身，但不可能长期居住在山洞里。

他们为什么这样说呢？首先，至今所发现的 40 多具北京猿人化石，虽然男女都有，但没有一具是完整的。由此推测，这些尸骨有可能是食腐肉的老虎、鬣狗、老鹰把北京猿人的尸体拖进山洞里食用后留下的。在许多北京猿人的碎骨上，确实发现有被鬣狗咬过的痕迹。

其次，我们知道，北京猿人生活在更新世中期。与现在相比，那个时候周口店地区的气候温暖而潮湿，尸体放在山洞里会迅速腐烂变臭。北京猿人为什么不把腐烂的尸体清除出山洞，却与之长期共处呢？这实在令人难以理解。北京猿人当时已经有了简陋的石器和骨器，完全可以将死者掩埋安葬。

那么，北京猿人会不会把死者的尸体存放在山洞中呢？尸体的腐臭引来了食腐肉的动物，于是就在尸骨上留下了动物咬过的痕迹。

传统观点认为，北京猿人有时会噬食自己的同类，把同类的脑颅敲破，吸取其中的脑髓。北京猿人头盖骨上的缺损，有可能是这样留下来的。美国的古人类研究人员却认为，这些缺损是地质风化的结果。这些头盖骨曾在地面上滚动过或在水沟中到处碰撞，而头盖骨的面部和底部比较脆弱，因而常常被破坏。如果这个推测是准确的，那么这些头盖骨就是后来偶然间进入山洞的，而不是原来山洞中就有的。

人类没有体毛是因为学会了用火吗?

人和猴子是近亲,猴子身上遍布长毛,而人身上只有几处有长毛发,如头发、腋毛等。

几乎可以肯定,人类还未与古猿分离开来时,身上也一定像很多动物那样长满了浓密的毛发,可是后来在长期的进化中,体毛逐渐退化,大部分成了毳毛,即人们常说的汗毛或毫毛,只有一小部分长毛发保存了下来。

为什么人类会失去大部分体毛呢?这个问题看似简单,却一直是众说纷纭。最常见的说法是,人类和古猿一样,生有体毛都是为了抵御寒冷。人类学会了使用火,而且又学会了缝制衣服穿在身上,御寒的效果要比体毛强得多,所以体毛就没有必要存在了。

另一种说法认为,在远古时代,人们穴居野外,体表多毛,很容易滋生寄生虫,一有虫子就奇痒难当,于是又抓又搔又蹭,结果体毛便逐渐消失了。

还有一种说法认为,当人类与古猿分道扬镳后,从大森林中走出来,踏进阳光直射的大草原,整天都处在温暖的环境里,体毛御寒的功能逐渐消失,体毛也就随之消失了。

在各种推测中,有一种说法最有趣。这种说法认为,原始人生活在海滨或水边，有时候住在陆地上，有时候生活在水里，时间一长，他们身上就像鲸鱼或海豚一样失去了体毛，只剩下浮在水面上的头部还留有头发。更有趣的是，如果这种说法能成立的话，女性之所以长有长长的头发，就是为了让孩子借此抓住半浮在水中的母亲。

以上各种说法都是从原始人的生活状态中寻找原因，也就是说，他们都把人类体毛的丧失归于对外部环境的适应。而生物学家却认为，体毛丧失这种现象有着更深刻的内在原因。首先，光滑的皮肤有利于提高人类的敏感性。皮肤是相当灵敏的感觉器官，在有毛发大面积覆盖的情况下，就不利于接收到内外环境的各种信号，而人类日益发达的大脑却需要皮肤成为具有高分辨能力的感受器。其次，光滑的皮肤有可能发展出对生命极其重要的光化学系统。例如，在光的作用下，细胞中的类固醇成分可以合成维生素 D，这能使人类得以避免佝偻病的折磨，而这种病在远古人类中是很普遍的。

人的面孔为什么各不相同?

　　面孔,也就是脸,它是人体上最重要的也是最引人注目的地方。人和人之间的差异,最主要的就表现在人的面孔的差异上。为什么不同人群的人面孔各不相同呢?"塑造"脸的动力是什么呢?关于这个问题,学术界主要有这样两种观点。

　　第一种观点是达尔文的"自然选择说"。这种学说认为,适应是普遍存在的现象,人脸也是人类适应环境的产物和结果。南部非洲人的鼻梁低而短,而埃塞俄比亚人的鼻梁高而长,这是由于埃塞俄比亚地区海拔高、气候冷,高而长的鼻梁可以增大鼻腔的容积,对吸入的寒冷空气进行加工,使其温暖湿润,这样进入人体后就不会破坏肺的功能。北欧地区的人鼻梁高大,也是这个道理。黄种人倾斜的凤眼和眼睑内的褶皱以及长睫毛等,可能与亚洲中部地区多风沙有

关，这种结构可以保护眼睛，使之免受风沙尘土的侵袭。诸如此类的脸部特征，都可以用适应自然环境来解释，自然选择成了"塑造"人脸的一大动力。

但是，也有一些人的脸部特征是很难用自然环境来解释的。例如，非洲黑种人的嘴唇厚而突出，而欧洲白种人的嘴唇薄而不突出，这是怎么回事呢？有些民族的男子络腮胡须非常普遍，而有些民族男子长络腮胡须的却少之又少，这又该如何解释呢？达尔文认为，人类脸部的特征不但是适应环境的结果，还是"性选择"的结果。上述例证就可以用"性选择"来进行解释。厚嘴唇、高鼻梁、络腮胡须等脸部特征，在一些民族中被当作健康的标准，具有这种特征的个体容易找到配偶，有更多的机会留下后代。于是，这些面部特征便在人群中逐渐逐代普遍化了。

当然，对于达尔文的观点也有持不同意见的人，这就是第二种观点"中性突变漂变学说"，又称"非达尔文进化学说"。这个学说认为，从分子水平来看，大部分突变对于生物体的生存既不会产生有利的效应，也不会酿成不利的后果，因此这类突变在自然选择当中是"中性"的。在亿万年的进化过程中，生物体内的基因不断产生中性突变，它们不受自然选择的支配，而是随机的、偶然的过程，即遗传漂变，在群体中固定下来或是被淘汰，结果就造成了基因和蛋白质分子的多样性，实现了分子的进化。

在美国宾夕法尼亚州有一群敦克尔人，是18世纪时从德国西部迁居来的。他们在本族内通婚，形成了一个半隔离的小种群。现在，敦克尔人的脸部特征不同于德国西部人，也不同于宾夕法尼亚州人和其他美国人。这就是遗传漂变的结果。生活在北极的白人、瑞典人、意大利人的脸部特征也各不相同，但他们是同一祖先的后裔，这是由于遗传漂变塑造出了各种形形色色的脸。

人脸的千差万别究竟是适应自然环境和性选择的结果，还是中性突变漂变的结果呢？或者是几种情况兼而有之，或者还有其他人们尚未知道的因素呢？这些问题的回答显然还需要相当长的时间。

遗传漂变

生物体的所有特征都是由遗传基因控制的，脸部的各种特征也有着不同的控制基因。比如，单眼皮和双眼皮各有不同的基因型。在一个很大的人群中，单眼皮基因型和双眼皮基因型所占的比例有一个稳定值，称为"基因频率"。如果让这群人自由通婚繁殖，基因频率将从一代到下一代维持不变。这就是著名的哈代遗传平衡定律。然而，如果把这一人群分成若干小群，迁移到一些隔离的地区，小群中某些性状的"基因频率"就可能与原来大群中的不同。以后，随着这一小群的盛衰变化，基因频率随机改变，后代中出现这些性状的个体数也会发生改变。这就是遗传漂变。

人类肤色不同是进化的产物吗？

如果你有机会到世界各地去旅行，就会发现各民族之间在体质形态上有很大的差异，最明显地表现在肤色上。非洲人肤色普遍发黑，大多数欧洲人的肤色是粉红色的，而大多数亚洲人的肤色是黄色的。

非洲人生活在热带，于是有人就想当然地认为，黑人是被晒黑的。实际上，人类皮肤的颜色取决于黑色素的含量与分布。黑人的黑色素数量多，形态大，黑色素化程度深，而且降解缓慢，所以黑人就肤色发黑。即便黑人到寒带生活，他们的肤色照样会发黑。所有种族的人都可以由晒太阳而增加皮肤中的黑色素浓度，但一旦免除了太阳的长期照射，白种人的皮肤还是会变白，黄种人的皮肤还会变黄。

在印度尼西亚加里曼丹岛一个与世隔绝的偏僻森林里，研究人员发现了一种从未见过的"鸳鸯人"，他们的头部是白色的，身体是黑色的。人类学家弄不清他们的肤色为什么会是黑白两色，但这种现象说明，仅用日光照射来解释人种之间的肤色差异，那是靠不住的。

根据进化学说，种族之间的差异是进化的产物。有的人类学家认为，人类原来的肤色很可能都是棕黑色的，这种肤色对生活在热带地区的人是最合适的。黑色皮肤可以阻挡热带的阳光，减少被晒伤的机会。当人类从热带地区向其他地区迁移时，肤色就会向浅色方向发展。生活在寒带地区的人皮肤会越变越白，这样有利于从微弱的阳光中吸取较多的紫外线，而紫外线能促进皮肤合成维生素 D。

进化论对于人类肤色差异的解释是比较可信的，但是在这种差异的最初成因上，人类学家之间却出现了根本的对立。有的人类学家认为，种族是各自独立进化的，有些差异从根本上就存在，而这种差异很可能是基因不断混合的结果。也可以这样说，白人不是由黑变白的，而是一开始就是白肤色。不过，在同一个种族内部，肤色会有很大的差别，有时甚至会超过种族的界限，比如有的黄种人长得比白种人还白。对于这种现象，人类学家就更是难以解释了。

为什么男性普遍比女性健壮？

据统计，男性的平均身高超过女性 8%，平均体重超过女性 20%。这一统计结果在世界各地、各个人种中都是一致的。

究竟是什么原因造成了男女身材上的这种普遍差异呢？按照生理学的解释，这是由男女性成熟期不同造成的，女孩从 13 岁开始发育，18 岁成熟，此后下肢骨骼不再增长，身体发育就跟着停止了。而男孩的发育期是从 15 岁左右开始，到 20 岁才停止，虽然也是经过五年时间，但此后下肢骨骼继续生长，身体发育并不停止，一直要延续到 25 岁左右。既然男性比女性多长了几年，自然就要在身高和体重上超过女性了。

然而，如果进一步追问下去，这种两性差异的源头在哪里呢？这就成了生物学家一直想解开的谜。根据达尔文的"性选择学说"，这种差异是自然淘汰的结果。人类出现之初，雄性并不一定比雌性健壮，但由于瘦弱的雄性既不能抵御自然的灾难，又斗不过凶猛的野兽，只能被消灭，剩下来的必然都是健壮的。这个假设在动物界似乎可以得到证实。很多动物都是雄性比雌性健壮得多。但是，这种观点还很难加以证实。人类的进化是一部几百万年的漫长的史诗，其中的情节谁也无法全部洞察。

于是，人类学家便尽其所能地提出了其他一些假设，其中最精彩的一种就是"身体与妻妾相关"。

从生物进化的角度来看，最终决定动物身体形态的是动物的自然生活方式。早期人类的生活基本上保持了一男一女的单一交配体系，因为大多数男子只有供养一个配偶及其子女的能力，但对混交的限制却不严格，同时也有少数男性拥有几个"妻妾"。这种交配形式被称为"轻微的一夫多妻现象"。

凡是拥有妻妾的男性，都必须具备一定的身体基础。一是要有取食能力，这样才能养活得了几个配偶及其子女。再一个是要有保护能力，防止其他人来抢夺自己的配偶。来自这两方面的压力迫使雄性的个体进化远远地超过了雌性。又因为一夫多妻的现象比较轻微，所以人类两性在身体上的差异并不大。

　　人类学家之所以能做出上述推测，就因为众多的哺乳动物给了他们启示。在哺乳动物中，凡是雄性与雌性在身体大小上有所不同，就意味着它们有可能实行的是"一夫多妻"的交配形式。雄性身材比雌性大得越多，拥有的"妻妾"也就越多，二者成正比例关系。成年长臂猿保持着严格的一雄一雌的对偶家庭，其两性的身材也就基本相同。大猩猩过的是一雄多雌的小群体生活，雄性大猩猩的身材就是雌性大猩猩的两倍。

　　在过着"一夫一妻"制生活的动物中，雄性之间用不着为争夺交配权而进行激烈的搏斗，因而雄性的身材也就不需要超过雌性。而在过着"一夫多妻"制生活的动物中，雄性之间就要进行激烈的争夺战，身体和力量就成了取胜的关键，自然是长得越大越好。

　　当然，以上说法只不过是假设而已，还没有得到充分的证明，但它对于研究人类自身的发展却有用处。如果"身体与妻妾相关"的假说能够成立的话，那么人类经过长期的"一夫一妻"制生活后，就有可能变得男女不分。男的像女的一样个头低矮，女的像男的一样平胸脯、窄臀部。假如将来的人类真的变成这样，那么就会反过来证明"身体与妻妾相关"不是假设而是事实。

衰老是免疫系统出了故障吗？

　　除了意外和疾病外，一般人都是因衰老而正常死亡的。在一般人想来，人到了一定年龄就必然会衰老，衰老到一定程度就会死亡，而在科学家看来，衰老是人机体内的一种生物学过程，应该能找到它发生和发展的原因。为此科学家们做了大量研究，提出了几十种理论或假设，但是目前尚未得出统一的或圆满的结论。

　　对衰老做出解释的最早学说称为"中毒学说"，又称"有害物质蓄积学说"。这种观点认为，大肠中的食物在大肠杆菌的作用下，会分解出一些毒素，机体的新陈代谢也会经常产生出一些有害物质，它们被人体吸收后，长期累积起来，就会引起人体慢性中毒，于是就发生了衰老。

　　免疫学说认为，人的免疫系统的机能会随着年龄的增长而逐渐下降。人的免疫系统一旦出了故障，抵抗疾病的能力就会下降。当人的免疫系统机能强盛时，外来的病毒或抗原物质就会被识别并及时加以破坏或排出体外，但免疫系统的分辨力下降后，不但不能起到捍卫人体的作用，有时还有可能排斥自身细胞，而"放过"一些抗原物质，这样就加速了人的衰老过程。

　　神经学说认为，人的神经细胞不能再生，受到损伤后就会丧失功能。人过60岁之后，神经细胞每天大约减少10万个，这样减少下去，势必会造成衰老。另外，由于年龄增大，神经系统不能很好地调节全身功能，也会促进衰老。

细胞变性学说认为，组成细胞的基本物质是蛋白质，蛋白质变质老化会导致细胞功能的改变，即细胞蛋白质因凝固活性降低而老化。还有人认为，胶原蛋白的交联键增多后，会使蛋白质的不溶性增加，从而导致细胞活性功能下降。

内分泌学说认为，内分泌腺尤其是性腺、胸腺的功能减退与人体的衰老是平行的。人的胸腺位于胸腔内，幼年时增大，到中年时开始退化。胸腺分泌的激素——胸腺素——参与免疫活动，当胸腺的分泌能力下降时，就会降低人的免疫功能，从而引起衰老。

另外，随着年龄的增长，人的大脑会被动地发生改变。当人体

生长到一定阶段时，脑垂体腺会分泌出一种激素，这是一种致命的激素，能够减少耗氧量，干扰甲状腺的新陈代谢，影响人体的健康。

生物钟学说认为，人体内的生物钟规定了细胞分裂的次数和细胞分裂间隔的时间。人体约由 500 万亿个细胞组成，这些细胞大部分从胚胎时开始分裂，经过 50 ± 10 次分裂后便停止了正规分裂，导致细胞最终死亡，人体就衰老了。如果能找到这台生物钟，把它调慢，就可以延缓衰老。

遗传学说认为，储藏生命遗传信息的主要物质是脱氧核糖核酸（简称"DNA"），它的化学性质很活泼，不断地缠绕、打开，其化学键也会断裂，放出大量的能量，供人体的各种活动使用。同时，机体中的酶则不停地对这些被破坏的 DNA 加以修复。在动物身上做的试验表明，动物的寿命与 DNA 的破坏和修复速度有关。当修复速度大于破坏速度时，有机体处于上升、增长阶段；当修复速度跟不上破坏速度时，有机体就开始变得衰老，机能也随之下降。

科学家们普遍认为，人的衰老应该从细胞开始，而细胞的衰老又与新陈代谢、呼吸有关。老鼠新陈代谢快，它的生命就短促；乌龟的行动十分缓慢，其寿命就长。

　　自由基学说认为，人体经常会在正常的代谢过程中产生一种化学性质非常不稳定的"游离基"，也叫"自由基"。这种自由基与核酸、蛋白质和脂肪等物质发生反应生成过氧化物，可使细胞膜发生破溃而失去功能，造成一系列功能改变。试验证明，很多疾病都与自由基的产生或自旋浓度改变有关。

　　还有很多关于衰老的学说，如蛋白质交叉结合学说、溶酶体膜的损伤学说、微循环障碍学说以及细胞内触媒的过分消耗学说等。从总体来说，这些学说已经揭开了人类衰老之谜的面纱，但还没有彻底说明它，很多疑问还需要做进一步的探讨。

人做梦是为了忘记吗？

　　在古代，梦被看作是神的启示，古希腊人打仗时都要带一名详梦者，通过详梦来预卜胜负。直到 17 世纪，人类才开始对做梦进行严谨的科学研究。1886 年，梦学专家罗伯特推测，人在一天的活动中会有意或无意地接触到无数的信息，必须经过做梦把这些信息释放出一部分。这就是著名的"做梦是为了忘记"的理论，至今这个理论仍然有它的价值。

　　20世纪上半叶，心理学家试图揭示梦的奥秘，后来对梦的研究慢慢地离开了心理学领域，进入生物学实验室。法国科学家莫比利毕生致力于对梦的研究，他曾做过这样一个试验：他入睡后，由别人把香水凑近他的鼻子，结果他梦到了香料店和开罗。在另外一个试验中，他用红光照射睡眠者的脸，结果睡眠者梦见了电闪雷鸣和暴风雨。从莫比利开始，人们找到了用试验方法研究梦的途径。

　　苏联著名生理学家巴甫洛夫认为，梦是人在睡眠过程中的一种正常生理现象。人在睡觉时，大脑皮质的个别部分还保持着兴奋状态，来自周围环境和身体内部的刺激有可能传到大脑里，这样就会做梦。一个人做了好多梦之后，醒来后会觉得特别疲惫，这是因为做梦的时候，大脑甚至身体没有得到足够的休息。

那么，什么样的刺激最容易进入人的梦境呢？美国科学家威特金和刘易斯做了这样一个试验。他们给受试者看四部影片，一部是孕妇生产的过程，一部是原始部落中的人用锐利的石片切割男孩子的阴茎包皮，一部是母猴将死去的小猴撕开吃掉，还有一部是平淡的风景片。看完这四部电影后，让他们进入睡眠。醒来后他们的报告表明，前三部影片的内容被较多地编入梦境，而那部风景片的内容则根本没有进入梦境。这个试验说明，只有那些在现实生活中比较强烈的刺激才有可能出现在梦境中。

在解释梦境的成因方面，毫里的"平衡互补理论"很值得注意。1966年，毫里设计了一个过量法试验。他要求受试者在临睡前干6个小时的体力活，可是这些人在梦中根本没出现与体力活动有关的内容。毫里认为，清醒时的生活与梦境是互补的，比如白天体力活动干得多了，在梦境中就不愿继续干了。

然而，毫里的"平衡互补理论"很快就遭遇到了挑战。1968年，物理学家陶伯做了一个试验，他要求受试者连续两周戴玫瑰色的眼镜，结果他们在梦中看到的景物也全部变成了玫瑰色。如果按照"平衡互补理论"，梦境中出现的景物应该是无色或别的颜色才对。

1953年，芝加哥大学博士研究生阿瑟林斯基在导师克莱特曼指导下研究睡眠。他全神贯注地观察睡眠者的眼皮，发现一个人在睡眠过程中，一段时间里脑电波频率会加快，眼球快速跳动，呼吸急促，手足不时出现抽动，这被称为"快速眼动睡眠"；而在另一段时间里，睡眠者的脑电波呈低频率，心率、呼吸平稳而和缓，这被称为"缓

慢眼动睡眠"。

研究表明，在快速眼动睡眠中被唤醒的人报告了生动奇怪的梦境，而在缓慢眼动睡眠中被唤醒的人则报告无梦，或者报告了一些近于清醒时的活动。至此，做梦与睡眠时人的生理活动有联系这个推测终于得到了充分证实。

法国里昂梦学实验室的神经生物学家米歇尔·儒韦是梦学研究的国际知名专家，他在 1959 年把梦定义为"反常睡眠"。他通过脑电图测试发现，人每隔 90 分钟就有 5~20 分钟的有梦睡眠，仪器屏幕上反映的信号不同，显示了人在睡眠中大脑活动的变化。如果在脑电图的电波上显示无梦睡眠时把接受测试的人唤醒，他会说没有

任何梦境；假如在显示有梦睡眠时唤醒他，他会记得刚刚做的梦。

美国科罗拉多大学研究员布尔加所做的一项试验证实，人的梦境内容有可能是遗传记忆。布尔加所选的研究对象是一些同卵双胞胎，他们一生下来后就被不同地方的两个不同家庭分别抚养长大，可是他们竟然有相似的做梦体验。

有些医生在临床诊断中发现，人体内某些器官发生病变时，就会对大脑发生刺激，这样也会做梦，而且常常是噩梦连连。比如，心脏或呼吸系统有毛病的人，经常会梦到为了摆脱野兽或强盗的追赶而拼命逃跑，气喘吁吁。德国科学家格涅斯尔有一次梦见自己的胸口被蛇咬了一口，不久后这个部位竟发生了溃疡，很长时间也没能治愈。还有一位患者，一连几个月多次梦见自己吞食各种东西，不久后，他的咽喉处就生了一个恶性肿瘤。

如果不做梦会怎么样呢？研究人员做过一些阻断人做梦的试验，当受试者一出现做梦的脑电波时，就立即将其唤醒，不让其梦境继续。如此反复进行多次后，发现受试者的血压、脉搏、体温以及皮肤的电反应能力都有增高的趋势，自主神经系统机能也有所减弱。显而易见，做梦是大脑健康发育和维持正常思维的需要。倘若大脑调节中心受损，就形成不了正常的梦境活动。

尽管人们对梦的认识已经很深入了，但还有一些疑问没有解决，更无法从更高的层次上对梦做出解释。

动物也会做梦

科学家经过研究后得出结论，大部分爬行动物不会做梦，鱼类、两栖动物和无脊椎动物都不会做梦。而各种哺乳动物都会做梦，鸟也会做梦。

动物会做梦，那么它们在梦中见到了什么呢？动物不会说话，无法直接告诉我们，人们只有通过试验来间接地获得信息。

法国生理学家波希尔·诺夫用猫做了一个很有趣的试验。他用化学和手术的方法抑制或阻断了猫的大脑中一个叫作"脑桥"的部位。这只猫经过手术后，在熟睡中忽然抬起头来，四处张望，然后又起来绕着圈子走，好像在寻找食物。突然它举起前爪，双耳紧贴在脑袋上，对假想敌猛扑过去。诺夫还把两只动过手术的猫关在一起，发现原来和睦相处的两只猫，睡着睡着突然打起架来。为了证明这些行为是在睡梦中做出的，诺夫故意在猫身旁撞击物品发出声响，甚至将老鼠放在它们身边。可是，这两只猫对这一切全都无动于衷，只顾专心地攻击对手。诺夫推测，这两只猫在睡觉中梦见了打仗的内容，于是就稀里糊涂打起仗来。

梦游是怎么回事？

　　英国有一位农民，他家里的一头耕牛病了，而兽医的住处离他家很远，他嫌路远就没有去。到了晚上，他却把兽医请来了，为他的牛治病。事后人们才知道，这一切居然是他在梦中完成的。

　　这种现象就是梦游。正常人进入睡眠状态后，全身便都会处于静态，而梦游者恰恰相反，他们睡着睡着会突然爬起来，离开床，在黑暗中走动起来。有的梦游者只在房间里活动，有的梦游者却能走出房间，或登楼，或漫步，甚至爬树上房。最后，他们又会回到自己的床上躺下来，继续睡觉。奇怪的是，第二天早晨起来，他们对自己昨夜的一切举动都茫然无知。

　　有人推测，梦游者一定是在梦中见到了魔鬼、罪犯或什么恐怖的场面，受到了惊吓，这才不由自主地梦游起来。在很长一段时间里，人们无法证明这种说法是对是错。后来，心理学家设计出了监测脑电波的方法，根据脑电图的记录，梦游都发生在沉睡阶段，而不是发生在快速眼动睡眠阶段，梦游阶段的人是不会做梦的。由此可见，梦游与做梦毫无关系，把梦游称为"睡中行走"更符合事实。

　　梦游这个现象很少出现在成年人中，绝大多数发生在儿童身上，于是有人认为，梦游可能与大脑皮质的发育延迟有关。还有一些学

者认为，梦游与遗传因素和基因有关，但是梦游的现象会随着年龄的增长逐渐减少，难道说人上了年纪，遗传因素和基因就不起作用了吗？

目前得到广泛认可的是根据巴甫洛夫的学说做出的解释。按照巴甫洛夫的学说，睡眠是大脑皮质受到压抑的结果。正常人入睡后，大脑皮质处于全面压抑状态；梦游者入睡后，大脑皮质支配运动的部分组织仍处在病态的兴奋中，这样就睡得很不安稳，进而起床做出各种动作来。如果是这样的话，梦游者就处于半睡半醒之间，但这一点却无法得到证明。

有些梦游者为了阻止自己梦游，想出了很多办法。有人在睡觉前把自己用绳子捆起来，绳扣故意打得很复杂；有人用锁头把门锁上，把钥匙藏在隐秘的地方；还有人在房间里设置了很多障碍，寄希望把自己绊倒，从而惊醒过来。然而，当他们开始梦游时，这些

"圈套"全都不管用。多么复杂的绳扣也能解开，藏在什么地方的东西都能找到，即使屋子里摆满障碍物，他们也能用一种奇异的方式绕过去。从这些事例来看，仅仅用巴甫洛夫的学说来解释梦游现象，未免有些过于简单。

科学小讲堂

关于梦游的误解

一般人都认为，梦游者大概像瞎子一样四处乱撞。其实，梦游者的眼睛是半睁或完全睁着的，他们的走路姿势也与平时一样。常人还认为梦游者胆子奇大，敢做一些惊险恐怖的动作，其实梦游者很少做出越过常规的事情，梦游时也极少做出伤害性的进攻行为。民间流传着一种说法，如果把梦游者喊醒，会把梦游者吓疯。事实上，梦游者很难被唤醒，即使被唤醒了，他也不会发疯，只是感到迷惑不解而已。不过，当你发现一个人在梦游的时候，最好不要去叫他，如果他突然被叫醒了，很容易使他产生焦虑和恐惧的情绪，这对他的心理和身体都会造成一定影响。

人类为什么会有智力？

在三四百万年前，原始人类出现了。与那些生有尖牙利齿的凶禽猛兽相比，他们实在是太脆弱了。然而，他们不仅能把那些凶禽猛兽猎来为食，还能驯养野兽、培育植物、开展农牧业生产，成为生存的强者。

这是怎么回事呢？原因只有一个，那就是原始人类的智力远远超出了其他动物。他们有了语言，就可以互相交流，还学会了制造和使用工具。在这些方面，其他动物全都望尘莫及。那么，人类最初的智力是从哪里来的呢？

19世纪时，达尔文从进化论的角度指出，智力是战争的产物。原始部落之间经常发生冲突，而这些冲突的结果往往是相对聪明的部落取胜，智力较低的部落则被消灭。于是，高智能的基因就更容易被保留并遗传下来，人类就一代更比一代聪明了。

很多人类学家和社会学家在对现存的原始部落进行了考察研究后，却认为部落的群体才是促进智力诞生并发展的重要原因。由于部落的生活性质，出现了分配、组织等方面的难题，而在人们对此苦苦思索时，就出现了智力的萌芽。

也有的科学家认为，人的智力的诞生和进化既有生物进化的原因，也有文明进步的原因，而新的文化又加速了基因的进化。正是在这种相互作用下，人类的智力才逐渐发展起来。

在研究智力的产生和发展时，不能不开展对人的大脑的研究，而大脑是一个充满奥秘的世界，人们对它所知甚少。有的科学家认为，人类的智力是直立行走的结果。由于直立行走，原始妇女的骨盆变宽，胎儿变大，脑容量也相应大起来，于是人类的智力就获得了突飞猛进的发展。

但也有的科学家针锋相对地指出，对于智力的进化来说，重要的不是大脑的重量和体积的变化，而是结构的改变。研究人员在对从低等脊椎动物到高等哺乳动物的脑进化进行了广泛的比较后，发现了这样一条规律：动物越低等，原始脑所占的部分越大；动物越高等，增加的新脑部分越多。到了人类，大脑新皮层更加发达，不用说大脑基底核,就连旧皮层、新皮层内侧也都被覆盖得严严实实。在只拥有原始脑即大脑基底核占脑主要成分的鳄鱼等爬行动物中,许多行为出于本能,根本谈不上什么智力。低等哺乳动物的大脑旧皮层发达起来后,格式化行为逐渐减少,也有了一定记忆能力。只有像人类这样新脑高度发达起来后,才能产生理性行为。但人类的新脑是从什么时候开始占据主导地位的呢?由于缺少化石的资料,现在还无法断言。而造成这种进化的原因,也很难寻找得到。但科学家们相信,随着对人脑研究的不断深入,关于智力起源的猜测成分会日益减少,科学的结论会日益增多。

记忆力和智力能移植吗？

世界著名的神经化学家昂加尔通过多年的研究发现，那些生活在复杂环境中而且活泼灵敏的小白鼠，其脑中核糖核酸含量比生活在单调环境中动作迟钝的小白鼠多 10%。如果给"聪明"的小白鼠注射干扰素，干扰核糖核酸的形成，其智力就会呈现明显的下降趋势。

科学家的一系列研究结果证明，人的智力和记忆力是由细小的蛋白质——多肽物质组成的，它们的每一种排列顺序和组合方式，都代表着一种记忆，如果破坏或转移这种化学物质，人的智力和记忆力就会相应地被破坏或转移。

既然记忆力和智力是化学物质，又可以转移，那么人们不禁要问：它们能不能移植呢？

如果记忆力和智力能够人工移植，那么当一个伟大的哲学家、科学家、史学家、作家离开人世的时候，我们就可以把他们头脑中的学识和智慧保存下来，通过一种简捷的方法传给下一代。如果记忆力和智力能够人工移植，这个世界就不会再有智障儿童了，只要做个简单的小手术，就可以使他们立刻变得聪明起来。这样的前景不能不让人兴奋，于是科学家们就对它积极地展开了研究。

美国密歇根大学的心理学家哥尼尔教授对生活在淡水中的涡虫进行训练，在它们有了牢固的避电避光记忆后，便把它们杀死、切碎，喂给那些不知避电避光的涡虫吃，结果这些涡虫竟然有了避电避光的记忆。

他的这个试验结果引起了很多科学家的兴趣，很快，在世界范围内就有 20 多个研究室进行了类似的试验。除少数研究室没有得出肯定性的结论外，绝大多数研究室都取得了同样结果。难道"吃"也能转移记忆力和智力吗？科学家对此难以做出解释来。

美国还有个叫安卡的博士，他用老鼠做试验，先训练它们具有怕黑暗的心理，然后从它们的大脑中抽取出一种叫单质缩氨酸的恐暗素，把它注射到其他不怕黑暗却怕光的老鼠脑中，结果这些老鼠

也开始害怕黑暗了。

　　现在科学家们已经肯定记忆力和智力是化学物质，并且是可以移植的，但这只是理论上的认识，要想对人的记忆力和智力做系统移植，还有许多技术性问题需要解决，其复杂程度要远远超出人们的想象。

　　德国伦琴大学有位科学家，他训练一些蜜蜂去寻找一碗糖水，当这些蜜蜂可以熟练地找到糖水后，就把它们的记忆系统切下来，移植到另一些蜜蜂身上。这些接受移植的蜜蜂，一般都能很快找到那碗糖水，而其他蜜蜂则做不到这一点。

人的智力会因为年纪变大而衰退吗？

当一个小孩子不愿意动脑筋解题、背诵、思考时，大人就会这样警告他："用脑生灵，不用就生锈。"当一个老年人不爱用脑时，人们却不会加以责备，反而会同情地说："人老了，脑子不灵了。"

过去，人脑的许多变化都被认为与人的衰老有关。这种观点认为，随着人体各部分器官功能的衰退，大脑也会跟着衰退。也就是说，随着年龄的增长，人的头脑必然会越来越愚钝。一部分医生认为，衰老是由疾病所致，而疾病直接影响着大脑。例如，阿尔茨海默病患者在智力测试中得分极低，究其原因大都是由疾病与药物的作用所致。

然而，有很多试验结果却表明，多达20%的中老年人的智力并没有随着年龄的增长而衰退。

美国贝勒医学院（休斯敦）的神经病学家约翰·斯特林·迈耶博士和他的同事们对三组健康老人进行了为期四年的跟踪研究，试图找到使他们智力衰退的原因。这些老人一共94位，平均年龄在65岁上下，其中约1/3的老人继续从事一项工作；约1/3的老人虽然已经退休，但仍在精神上和心理上处于积极进取状态，例如准时散步、定期骑自行车或劲头十足地干园丁工作等；还有1/3的老人退休后闲散无事。

　　这项研究开始前，研究人员首先对他们进行了标准的神经病学和心理学方面的测试，测定了流入大脑的血量，所有的受试者都处在与其年龄相称的正常水平上。四年过后再进行测试，发现那些闲散无事的老人不仅流入大脑的血液减少，而且智商也比其他两组明显下降。因此迈耶博士认为，唯一使大脑衰退的因素是人的活动水平，而不是人的年龄。

　　反对这个结论的学者认为，不能仅凭流入大脑的血量来判断一个人的智力水平。他们在研究中发现，女性流进大脑的血量普遍比男性流进大脑的血量少，但并不能据此说男性就比女性聪明。

　　也有的研究者在老鼠身上做试验，发现经常活动的老鼠脑干网状结构发达，而不爱活动的老鼠则相应萎缩。于是他们认为，人类

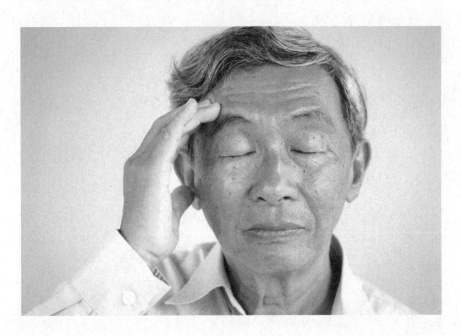

活动水平影响到了人类的智力，而不是衰老造成了人类大脑智力水平的下降。

反对这个结论的学者认为，绝不能把动物身上做的试验照搬到人类身上，没有任何大脑解剖能证明活动水平对大脑有何影响。

迄今为止，人们所进行的研究还没有完全弄清老年人究竟是由于未向大脑挑战才丧失了智力，还是随着年龄的增长才使得智力衰退。但是，无论持哪一种观点的人都不否认，积极地进行大脑的活动，对人的智力只有好处，没有坏处。

人体篇

RENTI PIAN

RENTI PIAN

人流眼泪是一种排泄行为吗？

在种类众多的灵长目动物中，人类是唯一会流泪的成员。对于人类来说，流泪是与生俱来的简单行为，无须学习，人人都会，就像心跳一样出自本能，又像唉声叹气一样自然。但是科学家们不满足于如此肤浅的解释，他们一再深入地追问下去：人为什么要流眼泪？流泪对于人体有什么作用？眼泪到底是什么物质？

进化论的创始人达尔文认为，流泪是某种进化的"遗迹"。人在哭泣时，眼睛周围的微血管会充血，同时小肌肉为保护眼睛而收缩，

于是导致泪腺分泌眼泪。达尔文据此认为，对于人体来说，眼泪本身是没有意义的"副产品"。

美国的人类学家蒙塔戈却认为，眼泪的产生是物竞天择的结果。他说："婴儿没有眼泪地干号叫，即使时间很短，也会使鼻部和喉管的黏膜变干，导致婴儿易受细菌与滤过性病毒的侵入。眼泪中含有溶菌酶，它能保护鼻咽黏膜不受感染。"由此蒙塔戈得出结论：流眼泪的婴儿要比不流眼泪的婴儿更容易存活。

为了弄清眼泪的奥秘，美国明尼苏达大学的心理学家威廉·佛瑞花了五年的时间，用特制的小试管收集了大量志愿者提供的眼泪样本，进行了一系列分析化验，从中得出一个结论：情感性流泪的泪水中含蛋白质较多，而反射性流泪的泪水中含蛋白质较少。在这些结构复杂的蛋白质中，有一种据测定可能是类似止痛剂的化学物质。根据这一结果，佛瑞推测，流泪可能是一种排泄行为，能排出

人体由于感情压力所造成的和积累起来的生化毒素。这些毒素如果不能通过流泪排出去，而是留在体内，将对健康不利。

研究表明，人在流喜泪时量比较大，味道很淡；而流悲泪、怒泪时水分不多，味道很咸。这说明，悲伤时流出泪水确实能起到排泄作用，有利于人的健康。至于人通过流眼泪排出了什么成分的毒素，眼泪中含有哪些功能不同的蛋白质，它们又是如何产生，怎样代谢的，这些疑问佛瑞也不清楚，还需要很多科学家一起做进一步的探索。

科学小讲堂

眼泪的分类

根据佛瑞的研究，眼泪可以分成两类，或者说人类会在以下两种情况下流泪：一类是反射性流泪，一类是情感性流泪。反射性流泪是外界刺激造成的，比如切洋葱时会被其气味刺激得眼泪直流；有异物进入眼皮内时，也会流出大量眼泪。这种流眼泪显示了人体的自我保护能力。情感性流泪是因为伤心或欢乐的情绪波动所致。让人捉摸不定的恰恰是后一种流泪。大多数人是在悲哀时流泪，也有人喜极而泣，还有人莫名其妙地流泪，自己也说不出原因来。

人为什么会口渴？

　　人为什么要喝水？当然是因为口渴了，这样的问题连三岁孩子都能回答上来。那么人为什么会口渴呢？这却是目前还没有得到圆满解释的疑问。

　　最早最普遍的观点是把渴和口腔的不舒服感觉联系在一起，它从古希腊希波克拉底时代一直沿袭下来。但事实表明，只是湿润嘴

和喉咙并不能止渴，如果喝下去的水只到咽喉而不到胃，光给人嘴里倒水，还不能解除渴的感觉，只有给胃直接输液，渴的感觉才会消失。

渴是一种极其复杂的生理现象。科学家在试验中发现，改变人自身体液的容量和浓度，就能控制渴的程度。如果增加细胞外液中溶质的浓度，例如增加食盐（氯化钠）的摄入量，就会感到口渴。这是因为溶质具有渗透压导致细胞脱水，下丘脑中的脑细胞能感觉到这种脱水，人就会产生渴感，需要去喝水，喝进水后，体液得到稀释，渴的感觉就消失了。

另一种观点认为，仅用体液的变化来解释渴的产生并不全面，人体血量的变化对渴也有影响。血量变化达到 10% 时，就可以刺激渴感。例如，人受伤后，失血过多，就会感到口渴，待补充了血量，渴感就能缓解。

人们已经知道口渴的生理作用原因，渴能"告诉"人们何时需要饮水，需要的水量是多少，如果不喝水无论如何也不能解渴，望梅并不能真正止渴。人们还知道口渴会受到环境因素的影响，如周围的温度、生活习惯、有无社交方面的需要等。但是对于口渴的感觉是怎样受生理行为和环境因素调节的，人们还知之甚少，还需要继续探讨。

人必须要睡觉吗？

在人的一生中，约 1/3 的时间是在睡眠中度过的。刚出生的婴儿，几乎每天要睡 20 个小时，即使成年后，每天也要睡 6~8 个小时。老年人睡眠时间虽然少，但也需要睡五六个小时。

不管睡眠时间长短如何，睡觉都是每个人必不可少的行为。但是，科学家至今还不能确切地回答人为什么要睡觉这个问题，只能从不同的角度提出自己的见解。

最普遍的观点认为，睡觉是为了消除身体的疲劳，以弥补一天劳累的损耗。这种观点认为，在睡眠的最初几个小时内，大脑基底部的脑垂体会释放出大量的生长激素，这种生长激素能促进体内蛋白质的代谢，进而促进体内组织的生长和修复。

但也有人反对这种观点。他们认为，对体内蛋白质代谢影响最大的是饮食。进食时组织蛋白质就会增加，而禁食时就会下降。蛋白质代谢在夜间发生变化的主要原因并非睡眠本身，而是人们在夜间禁食。

持这种观点的学者认为，一个人不管从事何种脑力劳动或体力劳动，不管疲劳程度如何，即便一连 8~11 天不睡觉，身体功能仍无损害。研究人员在一次睡眠试验中检查了 3~5 天不睡觉的人的尿液，发现这些人的尿液中氮的含量变化不足 1%。氮是人体内蛋白质代谢的天然指标，因此可以断定，这些人的生理功能并未下降。此外，那些自愿接受每天减少睡眠两个半小时的人，在一年以后并无任何病态表现，也没有因为睡眠减少而在白天疲惫不堪。

对于睡眠的必要性还有一个常见的解释，那就是睡眠是由日节律决定的。日节律也叫生理时钟，它使个体在一天 24 小时内呈现出周期性的活动规律。比如，一天之内的温度有显著的变化，在环境温度降低而人的体温也降低的情况下，个体就会产生睡眠的需求。每天的温度大致是午夜至 5 时这一段时间最低，人类的体温也是这一段时间最低，所以大多数人都是从晚上 11 点钟睡到第二天早晨 6 点钟。

还有一部分学者认为，包括人类在内的各种动物所形成的各种不同类型的睡眠方式，都是在生存过程中长期演化而来的。人类之

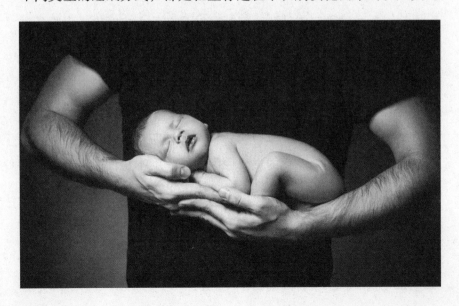

所以在夜间睡觉，那是因为原始人类夜间不敢出动，以防遭到夜行性动物的袭击。渐渐地，人类有了巢居穴处，继而建造起房屋，也就可以放心大胆地在夜间睡觉了。

那么，人不睡觉行不行呢？在变态心理研究中，有人曾做过睡眠剥夺试验，发现剥夺睡眠 60 个小时以后，受试者会出现复视、耳鸣、皮肤针刺感并伴有轻微幻觉；剥夺睡眠 120 个小时以后，受试者会出现人格解体，产生幻觉和严重的视听障碍。由此可见，人不能没有睡眠。

美国波士顿精神健康中心睡眠实验室主任哈特曼教授认为，人睡觉有两个功能，一个是消除身体疲劳，另一个是消除精神疲劳。消除身体疲劳主要发生在睡眠初期的缓慢眼动睡眠阶段，消除精神疲劳主要发生在深睡以后的快速眼动睡眠阶段。有的人睡的时间短却很沉，醒来就觉得精力充沛；有的人睡的时间长却很轻，醒来后却觉得还是很累，其原因就在这里。

由于人脑内控制睡眠的神经环路非常复杂，这就给揭示睡眠的秘密带来了极大的困难。有人甚至放弃了对这个问题的追究，他们认为，人们睡觉可能就是为了打发漫漫长夜的本能行为。如此说来，睡眠不过是人类长期以来形成的一种习惯，并没有什么实际意义。

人的胆量与心脏有关吗？

　　人的胆量有大有小，有的人胆大包天，有的人胆小如鼠。这是天生的还是遗传的呢？美国有一位叫朱尔曼的科学家，经过长期研究后发现，那些胆量较大的人与整个人群相比，体内的单胺氧化酶水平较低。这种酶能够分解与情绪有关的神经介质。患有神经抑郁症的人，体内的单胺氧化酶水平明显高于一般人，因而他们普遍表现出畏缩不前。而那些喜欢追求刺激的人，体内多巴胺 $-\beta-$ 羟化酶的水平往往偏低，而性激素水平大多偏高。由此朱尔曼认为，人的胆量大小在人体内有一定的物质基础。

　　有些专家在研究造成恐惧的原因时，发现恐惧感并不是来源于人的大脑，而是发自内耳。纽约大学医学中心的精神治疗师莱文森指出，90% 患有恐惧症的病人其内耳都有故障。人的内耳系统错综复杂，控制并调节着人们的视觉、听觉、平衡感、方向感、移动感、深度感、味觉和焦虑的程度。如果内耳系统出现一丁点儿的毛病，就会造成恐惧感。而那些胆量大的人，一定是这个系统特别健全。

　　英国伦敦精神病研究所的研究人员发现，一个人的胆量可能与心脏有关。心脏功能较差的人，中枢神经的调节功能也差，因而对外界的强烈刺激，首先会表现出心率明显加快，并伴有惊慌失措的

反应。反之，那些心脏功能较好的人，就很少有胆怯、惊慌的情绪反应。

心理学家在这个问题上也有自己的看法。他们认为，人的胆量本来无所谓大小，比如小孩子刚开始什么也不怕，连火都敢摸，但被烧痛之后，就产生了恐惧感。此类经历如果太多或者在童年时代造成强烈刺激，就会使有些人胆量变小。

然而，心理学家对于有些现象也觉得难以解释。试验证明，让尚未懂事的孩子面对玻璃窗外边的黑夜，大多会产生恐惧感；而让他们面对着成年人感到恐惧的动物，如老虎、狮子，他们反倒很少有恐惧感。由此看来，恐惧似乎又与遗传有些关系，但其中的奥妙还有待于探究。

治疗恐惧症

　　治疗恐惧症的实践证明，人的胆量是可以变大的。比如，有人害怕毛毛虫，甚至一见到毛毛虫就会晕过去。心理治疗师把他们找来，让他们先注视毛毛虫模型，再试探着用手去触摸，接下来把毛毛虫模型改成毛毛虫标本，最后换成活毛毛虫。经过这样一段过程后，很多人都克服了对毛毛虫的恐惧。生活中这样的例子也很多，经历惊险事件较多的人，胆量就会变得很大。有的人刚上战场时险些成了逃兵，而打了几仗后，就会成为孤胆英雄。

打哈欠是因为困倦吗？

一个人从出生之时起，一直到生命的终点都会打哈欠。一次打哈欠的时间大约为 6 秒钟。按照现行的解释，打哈欠是人身体的一种保护性反应。当人体消耗能量很大，积郁的二氧化碳过多时，就会刺激呼吸中枢，引起人的深呼吸运动——打哈欠，吸进大量氧气，把二氧化碳置换干净。

这种解释已经被很多人接受，但也有学者提出了质疑。美国心理学家罗伯特·波依凡把自愿参加试验的大学生分成三组，让他们呼吸含氧量不同的空气，结果发现，呼吸二氧化碳含量较高的那组，呼吸频率明显加快，但打哈欠的人数、次数并不比呼吸纯氧气和普通空气的那两组多。因此他认为，气体交换不是打哈欠的主要机理。

那么，人为什么要打哈欠呢？波依凡认为，打哈欠是人们保持清醒、振奋精神的手段。行驶在公路干线上的驾驶员哈欠打得多，而躺在床上昏昏欲睡的人很少打哈欠，因为那时入睡不受干扰，用不着振奋自己。大学生在微积分学课上打哈欠的次数可以达到一个小时 24.6 次，这是因为单调、枯燥的数字演算使人感到乏味，需要用打哈欠让自己来点儿精神。

有人还指出，打哈欠中最重要的行为不是深深地吸进一口气，

而是张大嘴。如果仅仅是为了交换气体，为什么不用鼻子使劲呼吸呢？科学家通过试验证明，用鼻子深呼吸完全可以把体内过多的二氧化碳置换干净。

人们在打哈欠时会不由自主地伸展一下全身，俗称"伸懒腰"。药理学的研究发现，这二者之间的神经联系非常密切，在给动物注射脑垂体激素时，会同时引起这两种运动。

有趣的是，打哈欠这个动作还能引起别人的效仿。波依凡通过电子计算机在屏幕上播放打哈欠的录像，结果发现，有很多人看着看着就跟着不自觉地打起哈欠来，还有一部分人起了困意。美国一家电视台在夜间播放打哈欠的录像，大受失眠者的欢迎。他们纷纷打电话给电视台，要求每天晚上都播放这段录像，帮助他们睡个好觉。

由此看来，关于打哈欠的传统解释有些站不住脚了。起码可以这样说，打哈欠并不完全是体内二氧化碳积累太多引起的，目的也不仅仅是增强气体交换。打哈欠这个不起眼的行为，实在有研究的必要。

打喷嚏是因为鼻内有异物吗?

打喷嚏很可能与人类的历史一样悠久。据传说,亚当在受到夏娃的苹果的诱惑时,就打了人类的第一个喷嚏。从此以后,打喷嚏似乎就与人类结下了不解之缘。

现代人在掌握了一些生理学知识后,知道打喷嚏不过是鼻黏膜充血而引起的一种正常反应。当鼻黏膜受到刺激时,它就会充血并产生出稀薄的黏液,这种黏液又刺激鼻内神经,使人产生一系列吸气动作,在肺内贮存起大量气体。当肺内贮存的气体达到一定程度时,肺内的压力就会使得已经关闭的鼻咽通路突然打开,一股强大的气流冲出,通过鼻腔将鼻涕排出去。这时候就会听到打喷嚏的声音。

从造成鼻黏膜充血的外界刺激因素来看,最直接的是鼻内进入异物,不直接的有月经、妊娠、性刺激、光亮、感情冲突等,在大脑皮质和下丘脑的控制下,这些因素也会造成鼻黏膜充血而引起打喷嚏。至于打喷嚏作为一种复杂的联合反射动作,在脑干中是怎样协调的,目前还不太清楚。

第一个认识到情绪与打喷嚏之间有关系的人是美国医生约翰·麦肯齐。早在1884年他就发现,当人的视听器官过度兴奋时,就会使鼻腔明显充血。至于是否会形成一个完整的喷嚏,那就要看人的兴

奋程度和个体的敏感性
了。有人曾观察到这样
一个事例：一个易于兴
奋的男子，每次与爱人
在一起亲热时，都会打
三四十个喷嚏。

最难以解释的是突
发性喷嚏。从表面上寻
找不出任何理由，突然间就大打喷嚏，突然间又停止了，让人捉摸
不透。还有的人好像对阳光过敏，只要对着阳光一看，就会打出响
亮的喷嚏来。

打喷嚏一般不会给人造成什么危害，但对于有的人来说却是一
种病症，这种人打喷嚏不止，其中最长者历时 20 年，频率最高者每
分钟打出 26 个喷嚏。有关专家认为，这种病态喷嚏可能与神经因素
有关，也有可能与中枢神经异常有关。

打喷嚏可以给人带来坏处，比如有人因为打喷嚏而引起脑动脉
栓塞或视网膜脱落，但有时也会带来益处。比如曾有人用羽毛探入
一位因筋疲力尽而陷入昏迷的产妇的鼻腔，刺激她连打了几个喷嚏，
竟然使她很快苏醒过来，生下一个健康活泼的婴儿。

打喷嚏闭眼睛

打喷嚏时，用很大的力量逐出体内气体，肺内、口腔内、鼻腔内都有很大的压力，不单膈肌和肋间肌等呼吸肌要突然剧烈收缩，颈部、面部的肌肉都会紧张起来，这时支配闭眼的眼轮匝肌也会随着收缩，于是人就会不由自主地闭上眼睛。另外，人在打喷嚏时神经系统必须高度集中，才能完成打喷嚏的一系列反射，闭上眼睛可以减少外界的干扰。有人正要打喷嚏时，正巧别人要跟他说话或拍他一下，他的这个喷嚏就打不出来了。

人的体温为什么保持在 37℃左右？

　　地球上的动物就体温而言可分为变温动物和恒温动物。蛇和青蛙这类低等动物的体温是随着环境的变化而变化的，所以称之为变温动物。哺乳类动物以及鸟类在环境变化时，可以通过体温调节来维持体温的稳定，所以称之为恒温动物或温血动物。

　　正常体温是人体生命活动的最佳温度。一般来说，体温的上限为44~45℃，这时体内的蛋白质成分将发生变性，肝、肾、脑的功

能将出现异常，如果体温继续升高，便会发生死亡；下限为33℃，此时就会人事不省，意识丧失；下降到30℃以下时，体温调节机能丧失；下降到28℃时，心肌收缩就会不同步，泵出的血量明显下降，因此造成死亡。由此可见，人体要想进行正常的生命活动，体温就要保持在上限和下限之间。那么，人的体温为什么要保持在37℃左右，比较靠近上限，而不是靠近下限呢？

　　澳大利亚的一位科学家保罗提出了自己的见解。他认为，对所有恒温动物来说，37℃是保证人体中各种酶生存的最佳温度，高了低了都不行。酶在人体各器官中广泛存在并参与各种生物化学反应，以保证人的各方面需要。此外，人的体温保持在37℃左右时，生成的热量和排出的热量最少，这样十分有利于保持体温恒定。人维持体温的热值少，也有利于人类的进化。与其他解释相比，以上说法显得更有说服力，但它是否完整准确，现在还不能最后下结论。

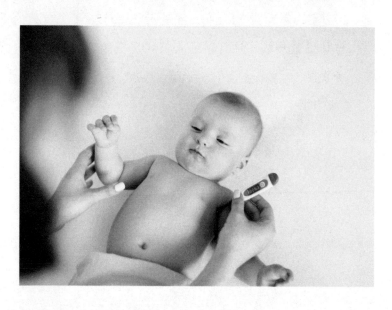

人的正常体温

由于血液循环、皮下脂肪厚度和暴露程度的不同，人体各部分的体温是不一样的，但基本在 37℃ 左右。腋窝温度一般为 36.0~37.4℃，口腔温度一般为 36.7~37.7℃，直肠温度一般为 36.9~37.9℃。人类个体之间的体温是有一定差异的，少数人的标准体温可低于 36.2℃，也可高于 37.3℃。同一个人的体温在一日之内也不是完全一样的，昼夜间体温的波动可达 1℃ 左右。如果让一个体温为 36.5℃ 的男子裸体处在 25℃ 无风环境里，他的前额体温一般为 36.4℃，背部为 33.2℃，臀部为 30.3℃，膝部为 27.7℃，手背为 31.1℃，足背为 27.2℃。可见前额的温度与体温最接近，这就难怪人们常用摸额头的方法来判断是否发烧。

人生病时为什么大多会发高烧？

医学研究人员认为，身体发烧从某种意义上来说不是坏事，它可以加速白细胞的活动，增加与传染病做斗争的蛋白质的产生，并且能够活化 T 细胞，有助于排斥外来物。发烧产生的热量还能杀死侵入人体的微生物，有些病毒在 38℃ 以上就不能繁殖了。

从另一方面来看，发烧又会对人体造成许多危害。它可以使血压降低，引起脑损伤、肺炎，就连低热也能给心脏病患者带来害处。

我们都知道，人体是一个极为精密的结构，它既然能以发热的方式来抵御细菌和病毒，那么它就完全可以做到恰到好处。而实际情况却不是这样，病人发烧时，往往会产生出相当多的热原，其数量达到了威胁人的生命的地步。这是为什么呢？难道大脑竟会发出有害于自身的指令吗？

这是目前医学家和生理学家积极研究的一个问题，科研人员希望尽快揭开这里的奥秘，以制造出阻止热原过度产生的药物，避免人体受害。

科学小讲堂

发烧的原因

人的体温是由大脑中的下丘脑控制的，天气寒冷时，皮肤中的神经就会向大脑发出信号，让身体储藏热量；天气炎热时，大脑又会通知身体放出热量。下丘脑就是这样使人的正常体温保持在37℃左右。人生病时体温超过了这个温度，这就是发热或发烧。

人不管得了什么病，体内都会有细菌或病毒在活动，在它们的刺激下，人体的免疫系统就会释放出一种叫作热原的物质。"热原"一词的含义就是"致热物"。热原对下丘脑中的温度控制细胞产生影响，使下丘脑做出错误的反应，好像身体的温度比实际温度低，也就是说感觉冷，于是就向周身发出提高温度的指令。与此同时，皮肤血管收缩，汗腺紧闭，多余的热量散不出来，人自然就会发烧。

人感到疲倦是因为身体缺氧吗？

在运动场上，参加马拉松的运动员格外引人注目，他们在跑完几十千米后，仍能大步流星地冲向终点，就好像永远不知道疲倦似的。

其实，不管身体多么强健的人，都会产生疲倦感。而产生疲倦感的时候，人们的普遍感觉就是身上没有劲了。我们知道，人的力气主要是由肌肉产生的，那么疲倦就一定与肌肉有关系。

人们在活动时，肌肉组织会相继发生两个阶段的化学变化：一个是无氧阶段，一个是有氧阶段。在无氧阶段，没有氧气参加化学反应，肌肉内储存的生物能源三磷腺苷、磷酸肌酸、肌糖原等物质就会分解，释放出能量供给肌肉收缩。这些能源用尽后，人就会感到疲倦。

在缺氧的情况下，肌糖原分解后会产生乳酸。进入有氧阶段后，1/5 的乳酸会被氧化成水和二氧化碳，4/5 的乳酸又会还原成糖原。如果血液供应不足，又缺少氧气，乳酸不能及时处理掉，就会堆积在肌肉里。乳酸堆积过多会使肌肉膨胀，又会刺激肌肉中的化学感受器，于是就产生了以酸痛为特征的疲倦感。

疲倦又与体力补充的来源有关系。补充体力的来源有两个：一是存储在肌肉细胞间和肝脏里的糖原分子，二是体内的脂肪。相对来说，这两种物质储备较多的人，就不易产生疲倦感。这两种补充能源都有各自的代谢渠道，互不通用。一个有经验的长跑运动员，会根据自己的体能情况，合理地分配速度，其目的就是有效地调动不同的能源补充，避免一时能源供应不上而产生疲倦感甚至虚脱。马拉松运动员不能以百米速度跑完全程，其道理就在这里。

　　疲倦感的产生与大脑也有一定关系。脑与其他器官一样，也是由细胞组成的。构成脑细胞的物质中有葡萄糖及代谢产物，如果血液中的葡萄糖消耗完了，人就会产生疲倦感。脑又是处理信息的器官，脑中有几十种与信息传递有关的物质，其中有一类就是氨基酸。在缺乏足够的多种氨基酸时，人也会产生疲倦感。越来越多的证据表明，在肌肉尚未过度劳累前，大脑就会发出指令，使人感觉疲劳，以防止肌肉过度运动而受损。

在这里我们还应该对心理学家的意见加以重视。他们认为，疲倦感主要是一种心理作用。在日常生活中我们会发现，疲倦有时候并不是由于劳累引起的。比如，一个人乘坐飞机或火车进行长途旅行，不需要付出体力，总是处于休息状态，但人照样会感觉很疲倦。如果两个人一起出门，虽然路途很远，但彼此说说笑笑，也就不觉得劳累了。生理学研究证明，单调、枯燥的环境会使大脑皮质相应部分的兴奋程度越来越低，从而产生疲倦感。如果有人在一起说笑，就会在大脑皮质原有的兴奋点周围出现新的兴奋活动，削弱和抑制原来的兴奋活动，使新的、高亢的兴奋活动暂时占优势，就不易产生疲倦感。在付出同样体力的前提下，一个人劳动就比众人一起劳动更快地产生疲倦感，道理也是一样的。

对于疲倦的成因，科学家们做出了各种各样的解释，已经使这个问题变得比较清楚了。但由于涉及人脑中的一些特殊性质及其作用，而人们对它们还缺少认识，所以目前还不能说彻底揭开了疲倦之谜。

胖子的脂肪虽然多，但脂肪转化缓慢，产生的力气也小，所以胖子往往没有瘦子有劲。糖原产生的力气大，而且转化迅速，可解燃眉之急，但量较少，所以瘦子一般爆发力较好，但耐力较差。

科学小讲堂

白细胞介素 -6 的作用

南非科学家经研究发现，人的疲倦感觉源自一种名为白细胞介素 -6 的化学物质对大脑的刺激。白细胞介素 -6 是一种多功能细胞因子，在人体免疫系统中起着重要作用。长时间锻炼后，人体血液里的白细胞介素 -6 的水平会上升到平时的 60~100 倍。给健康人注射白细胞介素 -6，就会使人感觉疲劳。一些运动员在某段时间里会感觉异常疲劳，这可能与体内白细胞介素 -6 过多有关。使用抗体阻止白细胞介素 -6 起作用，就有可能减轻疲劳感，缓解相关症状。

科学家选了七名运动员进行试验。在万米长跑开始前，给其中一组注射白细胞介素 -6，另一组注射安慰剂。一个星期后两组人交换，再试验一次。结果发现，注射白细胞介素 -6 的运动员的成绩平均要比注射安慰剂的运动员慢一分钟左右。

眼睛会觉得冷吗？

在寒冷的冬天，人们都要把自己全副武装起来，以防止血肉之躯受冻，即使这样，还是常常有人被冻坏，不是手就是脚，但是从来没有听说过有谁把眼睛冻坏了。

生理学家们曾经从感觉的角度来分析了眼睛不怕冷的原因。他们认为，人之所以会感到寒冷，是因为人的皮肤及内脏器官存在着温度感受器，通过这种感受器，大脑就可以接收人体外界或身体内脏器官的温度变化。当外界气温下降时，皮肤表面的温度感受器就会产生冲动，并且通过神经传到大脑中枢，就产生了寒冷的感觉。而人的眼睛里没有这种温度感受器，外界的刺激就不能作为信息传到大脑，所以眼睛就得不到有关冷热的信息。

对于这种解释有人提出了疑问。人的感觉是人的一种生理防御机制，当人感觉到寒冷的时候，就会多穿衣服以便抵御寒冷，防止身体被冻坏。如果眼睛不能感受到温度的变化，并且总是裸露在外面饱受风霜之苦，为什么没有被冻坏呢？

针对以上疑问，有人提出了"结构防寒说"。这种观点认为，眼睛之所以不怕冷，是因为它的奇妙结构起了决定性的作用。众所周知，眼睛的结构好像一台照相机，眼睛的瞳孔就像照相机的镜头，是眼睛的主要部分，眼睑（俗称"眼皮"）、角膜、巩膜等构成了这台"照相机"的其他部分，这些部分对眼睛会起到保护作用，使

之不会在寒冷中被冻坏。

"结构防寒说"说得头头是道，却难以让人信服。眼睑是人体皮肤中最薄的部分，只有 0.1 毫米，眼睛的其他部分也都是比较薄的，并非那种多重结构，加在一起也不厚。人们不禁要问：这样的结构为什么会有那么强的御寒能力，以至于眼睛从来感觉不到冷？另外，即使是作为眼睛的第一道屏障的眼睑，也从来不会有冷的感觉，这又是为什么呢？

如果眼睛真的没有温度感受器，那么为什么发烧的病人有时会明显地感觉到眼睛在"冒火"。难道眼睛的结构只能使它本身感受到热，而对寒冷"无动于衷"吗？还有，如果"结构防寒说"成立，那么眼睛的外部结构为什么会有如此强的御寒能力呢？这些疑问都让科学家们疑惑不解。

疼痛是心理学问题吗？

谁都知道，疼痛是一种令人不愉快的感觉。所以，古今中外的许多医生都在寻找止痛的良方，以便帮助人们消除这种不愉快的感觉。尽管各种止痛药相继问世，但人们至今也没有弄清痛觉产生的生理机制，也就是说，还不知道痛觉究竟是怎样产生出来的。

传统的观点认为，痛觉与创伤有着必然的联系。人的身体上割了个口子，马上就会感觉疼痛。然而也有相反的例子。在战场上，有的战士已经受了伤，但他却没有感觉到疼痛，仍然在奋勇冲杀。这个例子说明，如果创伤的信息还没有传到大脑，人就不会产生痛觉。

现代医学和心理学已经证实，疼痛的信息刺激在大脑中会引起什么样的反应，很大程度上取决于本人的心理状态如何。实验证明，注射吗啡可以使3/4的人产生止痛的效果，但如

果只注射生理盐水，而对病人说这是吗啡，同样会使 1/3 的病人产生止痛的效果。因为经验告诉这些病人，注射吗啡后就感觉不到痛了，在这种心理状态下，疼痛信息就不再使大脑产生相应的疼痛感。

在第二次世界大战中，一位疼痛研究专家发现，负伤的士兵在手术中需要的麻醉药远比负同样的伤做同样的手术的一般居民所用的麻醉药少得多。原来，对于平民来说，负伤意味着不幸；而对于士兵来说，负伤则意味着可以离开战场，回国疗养。

很多医生发现，恐惧、焦虑和紧张情绪都会加强和延长疼痛的感觉。在同样的创伤或手术中，那些满不在乎、谈笑风生的人，不会感觉太疼痛；而那些呼天叫地、呻吟不已的人，反而会倍增疼痛。如果能设法安定后者的情绪，有时会起到止痛药起不到的作用。

那么，痛觉的产生究竟是医学问题，还是心理学问题呢？学术界在这个问题上有很大的分歧。有人曾经在偏远的山区发现妇女分娩之后，就可以若无其事地下地劳动，分娩对于她们来说就像吃饭

一样稀松平常，并没有给她们带来疼痛的感觉。于是，有些心理学家认为，分娩应该是无痛的，只是人们传言分娩是痛苦的，这才使得那些从未有过这种经历的女人产生了一种惧怕心理，从而为她们打下分娩会疼痛的心理基础。

在一定的条件下，疼痛的信息还可以使人或动物产生舒适的感觉。心理学家曾经做过这样一个试验：先对老鼠进行电击，然后给它食物，如此强化多次后，居然可以使老鼠对电击产生愉悦的体验。当老鼠学会对自己进行电击后，即使不给它食物，老鼠也会不时地进行自我电击，来享受这种电击的乐趣。

尽管心理学家做了很多试验，但很多生理学家坚持认为痛觉是生理上的问题。疼痛与其他感觉信号的传导一样，都属于神经生物电传递过程。这种信号沿着一定的神经通路传到丘脑和大脑皮质，

再由大脑皮质分析出疼痛的程度与具体部位。这就是疼痛产生的基本过程。

世界各国的生理学家经过几十年的努力，还发现了在疼痛产生的过程中有一些化学物质的参与。当人的神经末梢受到不足以引起不适的刺激时，会立即释放出强烈的化学物质。这些物质主要是P物质、前列腺素和迟延奇诺素，其中迟延奇诺素是迄今为止已知的最强烈的致痛物质。如果把这些物质涂在暴露的神经末梢上，立即就会引起头疼。P物质已经被证实是用来传递疼痛信号的。只要把带有微量迟延奇诺素的针尖刺在人的皮肤上，就会立刻引起难以忍受的疼痛。上述三种化学致痛物质就贮存在神经末梢内或其附近，随时"待命出发"。

客观地说，生理学家已经揭开了痛觉的第一层面纱，但对于疼痛这样一种极为复杂的感觉来说，他们目前的认识还是比较模糊的。也许要想最终揭开疼痛之谜，还需要生理学家和心理学家携手并进。

没有创伤也可以产生痛觉。有一种病叫"幻肢痛"，这种病的患者都是一些失去肢体的人，他们明确地感觉到自己已经不存在的肢体有着剧烈的疼痛，这种幻觉性的疼痛有可能持续终生。

痛觉感受器

19世纪上半叶，德国生理学家弥勒提出了"特殊神经能量学说"，他认为感觉的性质取决于何种神经被兴奋。半个世纪后，人们在皮肤上发现了感觉的点状分布，如冷点、温点、触点、痛点等。恰好在这个时候，组织学研究专家发现皮肤中有四种神经末梢结构，于是有人就把触、温、冷、痛这四种皮肤感觉分别和这四种神经末梢结构对应起来。这样，不同的皮肤感觉就分别有了自己专门的感受器。那么，是否有专门感受痛的痛觉感受器呢？这一直是个有争议的问题。直到20世纪70年代初期，神经生理学家发现，相当数量的传入神经纤维只有给予皮肤伤害性刺激时才发生放电反应，这说明这些传入神经纤维外周端末梢所形成的感受器就是专一的痛觉感受器。

人发胖是因为吃得多吗?

当一个人开始发胖时,别人就会恭贺他"发福"了,把发胖当成了健康的标志。其实,发胖并不是好事。当进食的热量多于人体消耗的热量时,营养成分就会转化为脂肪储存于体内。当一个人超过正常体重的20%,我们就可以说这个人过于肥胖。肥胖可发生于任何年龄段,以大于40岁者较多,其中女性的发生率偏高。

身体肥胖的人且不说喘气困难,行动不便,很多疾病都会与肥胖同时而来,如冠心病、糖尿病、关节痛等,胖人的发病率都远远高于瘦人。既然肥胖有这么多弊病,医学专家们就不得不认真地探讨造成肥胖的原因。

一提到肥胖,人们一下子就会想到与饮食有关,而医生们提出的主要治疗方案就是告诫胖子们节食。但实践证明,节食减肥的失败率高达95%。统计结果表明,因贪吃而致胖的在肥胖者当中所占的比例极小,而肥胖者的每日进食量反倒比瘦子少。

有的科学家推测,人类的大多数脂肪很可能在童年和青少年时代就形成了,因此那些"小胖墩儿"一旦发起胖来,日后不管怎样节食,也很难瘦下来。为了证实这个推测,一位名叫傅斯特的博士做了一个试验:给一些长得很肥的幼鼠喂低热量的饮食,看它们是否会变瘦。

结果发现，这些老鼠还是长得胖墩墩的，但大脑、肌肉和骨骼变小了。傅斯特认为，发育初期形成的脂肪确实会成为日后个体发胖的重要基础，单纯干扰脂肪的生长并不会引起好的结果，必然会干扰身体其他部位的生长。

还有的研究人员认为，脂肪细胞与大脑、胃三者之间存在着一定关系，单单去探究脂肪细胞本身，是不能揭开整个人体发胖之谜的。有一位35岁的英国妇女，体重高达400多磅（约181千克），她本人又十分贪吃，采用什么减肥方法也不见效。后来，医生把她的大部分胃"封闭"起来，使她每次只能吃进去一小杯肉汤。这个方法果然有效，她的体重很快就降了下来。但这位女士旧习难改，依然饕餮成性，结果她的胃渐渐地扩张到原来的大小，体重自然又升了

上去。这个事例说明，通常人们认为肥胖者的胃肠功能特别好，这很可能是正确的。

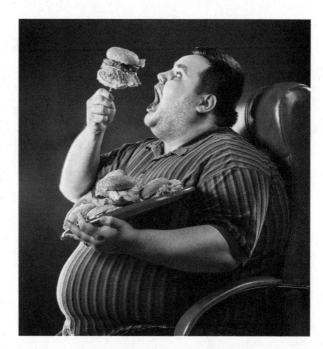

还有人认为，发胖者体内可能有一种致胖基因，它可以引起肥胖症的遗传。比如，美国亚利桑那州的皮梅族印第安人，有85%的人是大胖子，而且代代相传。但有些家族在本土上是

瘦子,迁居到别处却肥胖起来,这又做何解释呢?统计数据已经表明,大约只有 10% 的胖子是遗传造成的。

美国麻省理工学院的一位女学者魏特曼认为,人的胖瘦与人体内的 5- 羟色胺水平的高低有关。5- 羟色胺是一种神经传导物质,它能使人的心境平和、压抑感较少、对痛苦不敏感,因而能降低食欲。而胖子体内产生的 5- 羟色胺过少,这就使得他们食量大如牛,渐渐地就肥胖起来了。

人到底为什么会发胖呢?如果能揭开这个谜,人们就用不着为肥胖而发愁了。

科学小讲堂

肥胖症的分类

肥胖症分为两类,一类是继发性肥胖,它是由内分泌代谢方面出现异常造成的,常继发脑炎、脑膜炎、脑瘤、垂体疾病、肾上腺皮质亢进、甲状腺功能低下、胰岛素分泌过多等疾病。单纯性肥胖并不伴有明显的神经和内分泌功能的改变,但有代谢调节的障碍。还有一种遗传性肥胖,主要是因为遗传物质发生改变而导致肥胖,这种肥胖极为罕见,常有家族性倾向。

为什么秃头者大多数是男性？

　　据统计，人类的头发数量因人种不同而出现差异。金发人头发数量约为14万根，黑发人约为11万根，红发人约为9万根。每个人平均每天掉大约25根到100根头发，新长出来的也大约与此相等。如果掉得多而长得少，那么就会渐渐地变成秃顶。

　　秃顶的原因不难找到，却搞不清为什么秃顶者男性比比皆是，女性则寥寥无几。按照西方古代的传说，上帝的手指指到谁谁就秃顶，可是上帝为什么偏偏跟男性过不去呢？古希腊的学者亚里士多德认为，秃顶是性交引起的，但是女人也参与性交，为什么不秃顶呢？更何况有些少男根本没有性体验，可是照样秃顶不误。

　　现代科学家们虽然不同意以上这些说法，他们试图从生理学角度来说明这个问题，但得出的结论也是不能让人信服。巴黎著名的巴士德医学研究院提出，笑才是秃顶的真正原因。他们的理由是脸上有些神经通到头顶，当一个人大笑时，可能阻断了这些神经的血液流通，于是头发就掉了下来。如果说这个结论是正确的，那么在生活中总是满脸笑容的男人必定是童山濯濯，可实际情况却是恰恰相反，整天愁眉苦脸的男人中也有不少秃顶。而女人绝不比男人笑得少，可是就不见她们笑脱了头发。

　　早在古希腊时，亚里士多德、希波克拉底等学者就注意到，遭

到阉割的人从不秃顶。由这个事例可以推测出，男人多秃顶与他们的性腺有关。现代生理学家发现，一个人秃顶通常是从 20 岁时开始的，男性体内的睾丸素分泌活跃，与一种还原酶相结合，就会产生二氢睾酮，在它的影响下，一些毛囊开始萎缩，头发越来越稀疏。经化验证明，男子血液中雄激素浓度约为每 100 毫升含有 500 毫微克，而女子则很少超过 100 毫微克，两者相差五倍以上。

我们再来看一个现象：假如一个男孩在 10 岁时就接受阉割，他就会因为失去了睾丸而基本上断绝睾丸素的来源，从而使有关性特征的毛发（如胡须、阴毛等）长不出来，但他的头发却可以一直长得很旺盛。这个现象可以充分说明，男性秃顶与体内雄激素的含量很有关系。但是有很多体内雄激素处于正常水平的男子也照样会变成秃顶，这就提示人们，除了性激素以外，可能还有别的因素在起作用。

人可以无性繁殖吗？

　　我们知道，男女两性经过性接触，精子和卵子相遇，就会孕育出人的生命。这是有性生殖。而无性繁殖则无须经过这套程序，如果一个人想传宗接代，没有配偶照样可以办到。

　　从理论上讲，无性繁殖并不复杂，从人身上取下一个细胞，用适当的生物学方法加以改造，便能使它生长成为那个人的复制品。有性生殖的孩子与父母或多或少都有一些相像的地方，却极少有一模一样的，而运用无性繁殖技术复制出来的人，却可以从眼睫毛到脚指甲，都完全等于他的"原本"。

　　1938 年，德国科学家汉斯·施佩曼首次提出了克隆哺乳动物的设想。他建议从发育到后期的胚胎中取出细胞核，将其移植到一个卵子中。1981 年，卡尔·伊尔门泽和彼得·霍佩取得了哺乳动物胚胎细胞核移植研究的最初成果，用鼠胚胎细胞培育出了发育正常的小鼠。1997 年，英国罗斯林研究所维尔穆特博士科研组宣布，世界上第一例经体细胞核移植培育出的哺乳动物降临人间。它是一只绵羊，维尔穆特博士用他喜爱的乡村歌手多莉·帕顿的名字将它命名为"多莉"。

　　克隆羊多莉的诞生，在全世界范围内掀起了克隆研究热潮。就在多莉诞生后一个月，美国、澳大利亚和中国台湾科学家分别发表了他们成功地克隆猴子、猪和牛的消息。不过，他们都是采用胚胎细胞进行克隆，其意义不能与多莉相比。同年 7 月，罗斯林研究所和 PPL 公司宣布用基因改造过的胎儿成纤维细胞克隆出世界上第一头带有人类基因的转基因绵羊波莉，这一成果显示了克隆技术在培育转基因动物方面的巨大应用价值。

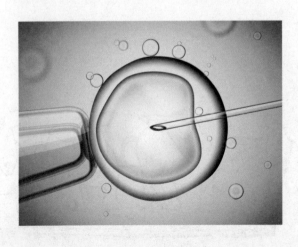

　　伴随着牛、鼠、猪乃至猴这种与人类生物特征最为相近的灵长目动物陆续被克隆成功，人们不禁感到惶惑不安：我们人类会不会跟在这些动物后面也被克隆出来

呢？很多人完全相信，克隆人已经不再是科幻小说里的梦想，而是呼之欲出的现实。如果这一天真的来到的话，会不会像有的电影描绘的那样，复制出一群和希特勒一模一样的人来，那岂不是会造成一场大灾难？

假如克隆人真的问世了，还会对人类现行的伦理道德提出挑战。一个没有生理上父母的人，他的家庭情形会怎样？人们是把他看成无性系人呢，还是把他视为同类？克隆人有可能成为人类社会中的一员吗？

然而，很多生物学家和遗传学家坚决地否定了这些疑问，他们认为，发展这种技术并不是为了生殖，而是为了对生物学最基本的层面加强了解；目的不是制造无性系的人，而是为了治病。

尽管争论很激烈，生物学家对于人类无性繁殖技术的研究一天也没有停止过，而且已经取得了重大突破。美国华盛顿大学体外受精实验室主任杰里·豪已经成功地进行了胚胎克隆试验。首先，当单个受精卵分裂成两个细胞时，立刻将它们分离开来，这样就产生了两个遗传信息相同的胚胎。此时，还要剥离受精卵的"外套"，即透明带（它对胚胎发育是必需的）。杰里·豪从海藻中发现了一种凝胶可以作为透明带的替代品。当用它把单个胚胎细胞包裹起来时，这个胚胎细胞就开始生长发育了。

这个技术很简单，看来不需要多久人类无性繁殖的目标就可以实现了，因而有人称之为划时代的重大发现。据说美国约有一万个以冰冻形式贮藏在液态氮罐中的胚胎，只要将其解冻，随时都可以复制出一个人来。有人估计，这种人实际上已经问世了，只不过是害怕引起非议不便公布罢了。事实上正是这样，在美国关于克隆人的争议愈演愈烈，有人甚至走上街头举行抗议活动。

现在，人类已经处在这样一个微妙的关头：如果科学家们继续探讨细胞的秘密，就很有可能最终打开人类无性繁殖的大门。但这样做的后果会对未来社会产生什么样的影响，人们还难以估量，而这种茫然很可能会导致这扇大门被永久地封闭住，永久地成为一种纸上谈兵。

科学小讲堂

克隆技术

无性繁殖系又称"无性系"，按其英文 clone 经常被音译为"克隆"。"克隆"起源于希腊文，原意是用离体的细枝或小树枝增殖的意思。它于1903年被引入园艺学，以后逐渐应用到植物学、动物学和医学方面。一个无性繁殖系是指从一个祖先通过无性繁殖方式产生的后代，它们具有相同的遗传性状。目前，人们把人工遗传操作动物繁殖的过程称为"克隆"，这门生物技术叫克隆技术。克隆哺乳动物的方法主要有胚胎分割和细胞核移植两种。所谓细胞核移植，就是将不同发育时期的胚胎或成体动物的细胞核经显微手术和细胞融合方法移植到去核卵母细胞中，重新组成胚胎并使之发育成熟。与胚胎分割方法不同，细胞核移植方法可以产生无限个遗传信息相同的个体，因此成为生产克隆动物的有效方法。

人体断肢能再生吗?

在自然界里,许多生物都有惊人的再生能力。比如,龙虾的腿断了之后,会自己长出一条新腿来。蚯蚓被截成两段后,每段都会再生出一个完整的躯体来。

动物的这种神奇的本领是从哪里来的呢?科学家们认为,这是千百万年来适应环境的结果,有了这种本领就可以保护自己。从生理原因方面,科学家们经过研究发现,每一种动物,包括我们人类在内,身体内部都有一种分化力很强的"通用"细胞,它可以变成身体需要的任何一种细胞。比如,某种动物的一条腿折断了,"通用"细胞就会集中到伤口部分,有的分化成骨细胞,有的分化成肌肉细胞,有的分化成皮肤细胞。这样一来,一个新生的肢体就会慢慢地长出来。

既然动物体内都有这种"通用"细胞,为什么很多动物没有自然再生能力呢?科学家们认为,在这些动物身上,这种能力可能处于潜伏状态,需要激发才能活跃起来。根据这个思路,生物学家们做了很多试验。1945年,美国生理学家罗斯把几只青蛙的前腿从膝盖以下截断,然后把残肢浸泡在浓盐水里,过了一段时间发现,这些残肢上都长出了肌肉、骨骼,有的还长出了足趾。1946年,苏联的一位科学家每天用针对青蛙的断肢的伤口进行刺激,也发生了再生现象。

1958 年，美国纽约州立大学北部医疗中心的贝克尔博士在大家鼠身上做试验，将一个电极装置植入大家鼠的前腿断肢中，不断给予通电刺激。仅仅过了三天，大家鼠就再生出了前腿的各种组织成分。不久，英国生理学家设计出了一个能够随着断肢再生而移动的电极，也使大家鼠的残肢重新长出了完整无缺的新肢体来。

这些试验的成功大大鼓舞了科研人员，他们大胆地设想让这个成果为人类造福。假如人的再生能力也能被激活的话，那么不幸失去肢体的人就不会成为残疾。

为了实现这个美好的设想，科研人员进行了积极的尝试。贝克尔博士将一个电极植入一位病人折断的踝骨部位，经过三个月的时间，破裂的踝骨再生后，居然变得与原来一模一样。生物学家的试

验结果也表明，在电极的作用下，人体断肢会出现再生的趋势。

美国华盛顿大学的教授们则另辟蹊径，他们从人在胚胎刚发育时无定型组织形成骨骼的过程中受到启发，研制出了一种成骨素。将它注射到老鼠体内，就会使老鼠的肌肉变成坚硬的骨骼。他们相信，将来只需一针成骨素制剂，就可以使人的断肢再生出新的肢体来。

有些生物学家认为，低等的两栖动物之所以具有再生能力，关键在于它能够使已经特化的细胞恢复成一片空白，从而能重生出新的四肢。而哺乳动物由于已经演化出卓越的免疫系统和治愈过程，便丧失了这种能力。因此，要想让人类自行长出肢体来，首先就要压制住人的免疫功能。美国费城威斯塔研究所的免疫学家艾伦在免疫功能不健全的老鼠身上做试验，在其耳朵上面打出小洞，发现这个小洞不仅可以自行愈合，还能长出新的毛囊和软骨。老鼠的尾尖被切断后，也能再生。

美国芝加哥医学院的儿科专家发现，那些具有再生功能的动物体内藏有一种被称为"T盒子"的基因。如果能找对了基因码，人类在失去肢体数周或数月后，就可以再生出新的肢体来。

为什么断肢受导电的刺激后就能再生呢？还有没有别的方法可以促使人体断肢再生呢？对于这些问题，目前科学家们还不能给予完满的解答。但是一旦这些问题不再成为疑问，人体断肢再生的理想就会很快变成现实。

胃为什么不能消化自己？

　　人的胃以及其他动物的胃都是一个特殊的生理器官。当人和动物感到饥饿时，胃就开始蠕动，使有机体产生饥饿的感觉，从而出现觅食的行为；吃饱之后，胃停止了蠕动，饥饿感就消失了。

　　无论外来食物是生是熟，在胃里都会被消化掉。胃不仅能消化各种食物，就连一些难以熔化的金属也能消化掉。那么，为什么胃不会把自己消化掉呢？早在 18 世纪时，就有人提出过这个十分有趣的问题。为了回答这个问题，许多生理学家对胃的消化机制做了大量研究，提出了许多观点来解释这一现象。但在很长一段时间内，由于人体不能被直接当作活体来进行研究，因而这个问题就始终未能给出明确的答案。

　　1822 年，有个名叫森托马丁的青年，因为别人枪支不慎走火，腹部被打出一个比成年人的头还大的洞，肺和胃的一部分露了出来。美国密歇根州的军医威廉·博蒙特为他做了出色的手术，把他从死亡的边缘拉了回来。一年后，森托马丁恢复了健康，但是伤口无法愈合，腹部留下一个洞，从这个洞口可以窥视到胃内部的情况。

　　森托马丁为了感谢博蒙特的救命之恩，就同意与这位医生合作，让他利用自己的胃进行研究。博蒙特把各种各样的食物用一根线系住放入森托马丁的胃里，过一定时间再取出来分析，以了解食物被消化的情况和速度。

经过长达 11 年的研究，博蒙特终于初步了解了人的胃的消化状况。原来，胃里有胃液，它能够分解食物。博蒙特用管子把一部分胃液引出，注入食物，发现胃液在胃以外也能分解食物。

那么，胃液是怎样消化食物的呢？很长一段时间里，医生和生理学家们为此伤透了脑筋。1836 年，德国科学家施旺首先发现了一种胃蛋白酶，它的功能非常奇妙，温度太高或太低都没有活性，只有温度接近人体正常体温时，才能发挥作用。不久，各种各样的消化酶相继被发现。比如，唾液中含有淀粉酶，胰腺能分泌分解碳水化合物和蛋白质的酶，进入人体的蛋白质正是由于这些酶的作用才慢慢地被分解和合成。

　　胃消化的内幕似乎越来越清楚了，其中最重要的是知道了胃壁细胞能分泌胃蛋白酶和盐酸。盐酸可以杀死食物中的细菌，使富含纤维的食物变得柔软，同时能增加胃蛋白酶的作用。然而，盐酸是一种腐蚀性很强的酸，从胃壁中分泌出来的盐酸，浓度足以溶解金属锌，难道不会对胃产生伤害吗？盐酸能帮助将淀粉分解成葡萄糖，但这必须有较高的温度，而人的体温不过 37℃左右，盐酸在这样的温度下能发挥作用吗？再说，胃液中除了盐酸，还有能分解蛋白质的胃蛋白酶，组成胃壁细胞的蛋白质岂不是会有被消化掉的危险吗？

　　为了揭开这些谜团，美国密歇根大学医学系的德本教授做了一个有趣的试验。他把人体中的胃切除下来，放入一个大试管中，然后加入根据正常人体胃部的浓度配制的盐酸和胃蛋白酶，把试管放置在 37℃的恒温环境中。结果发现，试管中的胃受到严重的破坏，相当一部分被溶解掉了。这个试验说明，人体外的胃无法抵御盐酸和胃蛋白酶的消化作用。但是，人体中的胃为什么能安然无恙呢？

　　德本教授认为，人体中的胃一定存在着某种特殊的机制，这种机制既能促进胃消化食物，同时又能防止胃被自己分泌的酶分解掉。那么，这种特殊的机制又是什么呢？德本教授首先想到，构成胃壁的细胞也许就是这种特殊机制的组织。为了证实这一猜想，他做了一个动物试验：在狗的胃中装一根管子通到体外。经过观察发现，胃壁细胞的细胞膜表面的脂类物质与抵御消化有很大关系。如果用洗涤剂去掉细胞表面的脂类物质，胃壁细胞就会受到酸的伤害。也就是说，脂类物质就像给胃腔表面涂了一层防腐膜。

　　在人体中，胆汁似乎有着与洗涤剂相似的作用。当胆汁进入胃部以后，胃壁便不可避免地受到损害。但在正常情况下，胆汁是分泌到小肠中去的，不是滴入胃里的。如果人因为患病或其他原因，胃壁受到清洗，那么盐酸的侵蚀作用就会对胃造成伤害，人就会患上胃溃疡。

德本教授在研究中还发现，胃还有一个特点，那就是胃壁细胞经常更新，老细胞不断地从表面脱落，由组织内的新生细胞取而代之。德本教授估计，人的胃每分钟约有 50 万个细胞脱落，胃黏膜层每三天就全部更新一次。所以，即使胃的内壁受到一定程度的侵害，也可以在几天或几小时内完全修复。

根据上述研究结果，德本教授认为，胃可以被损坏，但也很容易被修复，正是这种机制执行着保护胃表面的重要职能。也可以这样认为，人体中的胃并不是不会消化自己，而是在被消化到某种程度后，就会立即得到修复。

德本教授的观点虽然有很充足的科学试验做依据，但还是受到了一些科学家的质疑。他们经过多年研究证实，胃局部溃疡的形成是胃壁组织被胃酸和胃蛋白酶消化的结果。如果像德本教授说的那样，胃始终处在不断更新、自我消化和自我修复的过程中，那么胃溃疡又是怎么产生的呢？德本教授说：在正常情况下，这种机制能防止胃壁受到破坏，除非破坏的程度超出了自我修复的能力，胃溃疡就产生了。这种解释缺乏足够的科学依据，因此不能让人信服。有些科学家认为，人的胃也许还存在着其他防止消化自己的机制。那么，这些机制究竟是什么呢？科学家们暂时还回答不出来。

心脏极少长肿瘤是因为它一直工作吗?

　　人体的器官都有可能产生癌或肿瘤,如肝癌、胃癌、骨癌等,就连人的皮肤也能生癌。但是人的心脏却很少长肿瘤。据国外的研究报告,心脏癌的发生率只有身体其他脏器的四万分之一。北京大学医学部查验了 1948~1983 年的 5000 例尸检资料,发现其中有 395 例死于癌症,但无一例是心脏癌。

　　当然,心脏也会长肿瘤,但原发性的很少,主要是继发性的,原发性心脏肿瘤只有继发性的 1/16。这里所谓的继发性,意思是说从别处转移来的。继发性心脏肿瘤大多是从邻近的淋巴组织直接蔓延而来,往往是支气管癌、乳腺癌、急性白血病(血癌)、恶性淋巴瘤等的晚期表现。另外,据统计,心脏肿瘤的 80% 属良性。

　　为什么心脏极少长肿瘤呢?这个奇特的现象引起了很多学者的思索。显然,如果能揭开这里的奥秘,就能为人类攻克癌症开辟新的途径。

　　大多数学者认为,心脏极少长肿瘤,这很可能与它本身的特殊构造和机能有关。心脏在人体中就像一只永不歇息的水泵,一直不知疲倦地工作着。新生儿每分钟心跳可达 50 次。成年人每分钟心跳是七八十次。假如一个人能活到 100 岁,那么他的心跳次数加起来

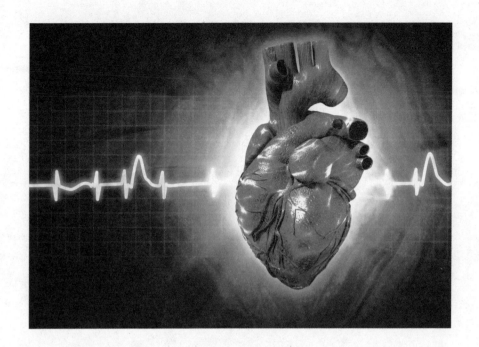

总共可达 40 亿次左右。心脏这永不休止的搏动很可能起到了"流水不腐"的作用，使肿瘤细胞难以生根。

1902 年，俄国科学家库里布亚科为了进行心脏复苏的研究，把一个因肺病死亡已 20 个小时的小孩的心脏取出来，放在与体温相同并且充满氧气的营养液里。很快，这个孩子的心脏就开始跳动起来。他先后做过 10 次这样的试验，有 7 个心脏重新恢复了跳动。

为什么心脏离体后仍能继续搏动呢？原来，心脏有一整套特殊的起搏传导系统，它能够自动地、有节律性地产生舒缩运动。另外，心脏周围的肌肉强而有力，是由特殊材料构成的，因此才能完成数亿次的跳动而毫不损坏。

与人体内的其他脏器比起来，心脏确实十分"坚强"，而这很可能是它足以抵御肿瘤侵袭的法宝。

近年来，科学家又分别从猪和老鼠的心脏中提取出一种特殊的物质，发现它具有耐热、耐酸的作用，还能够显著地抑制骨髓癌细胞及转移性腹水中癌细胞的生长。这种物质还有识别能力，对于癌细胞是毫不留情，对于正常细胞却是秋毫无犯。

据认为，这种物质在人的心脏中也可能有。如果真是这样的话，那么心脏就有一位守护神在暗中保护着它，这就难怪它极少长肿瘤了。

肝脏为什么能再生？

肝脏是人身上数一数二的大器官，几乎占据了右上腹的全部和左上腹的一部分，被人体右侧的肋骨保护着。

肝脏对于人体的重要性无须多言，如果缺少了肝脏，人肯定活不下去。不过，肝脏虽然不能全缺，却可以缺一部分。有一次，我国浙江省人民医院的医生给一位年已 64 岁的老农做手术时，发现他的肝脏不仅比正常人的小，而且还缺损了左半叶。据说这种情况在医学史上是极为罕见的，其原因也尚待查证。

很多实例都可以证明，肝脏不全的人也能正常生活。据有关报告，即使肝脏切除 85%，它仍能正常工作。上海东方医院对很多肝癌患者以及其他肝病患者施行了肝叶切除手术，成功率达 98%。由此可见，肝脏有着极大的储备能力。

肝脏再生能力非常强。日本的医学家在动物身上做过试验，将它们的肝脏切掉一半，经过一个月左右的时间再次检查，竟发现其肝脏已经恢复到原状。人也是一样。有些人狂饮无度，使肝细胞受到广泛损害，但戒酒后经过一段时间的治疗后，基本上都能恢复正常。

肝脏的再生能力为什么这样强呢？要想回答这个问题，首先要了解肝脏的内部结构。整个肝脏是由很多肝小叶组成的，大约有 50

万个，这些肝小叶的直径为 1.0~2.5 毫米，相当于半个米粒那么大。每个肝小叶几乎包括了组成肝脏的各个部分，这里有排成小柱的肝细胞、星状细胞，有毛细血管和毛细淋巴管，等等。可以这样说，每一个肝小叶都是一个小型肝脏。肝小叶数量多而且各具独立性，这也许就是肝脏再生能力极强的原因所在。

近年来，有人发现人的机体中能分泌出一种特殊物质，是它使得肝脏顽强地再生，这种特殊物质被称为"肝再生因子"。但这种物质的成分、性质以及对肝脏的作用过程，人们还知之不多。另外，肝脏为什么恢复到原来大小后就不再继续增大了，其原因也未搞清楚。

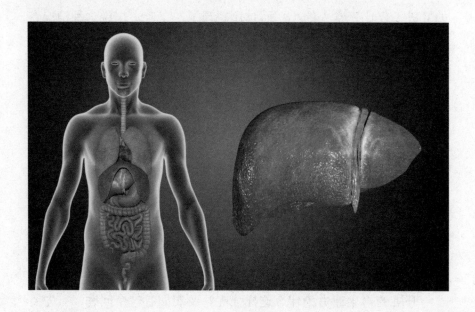

肝脏的生理功能

　　人的肝脏重约1500克，相当于人体重的1/50，但它却具有许多重要的生理功能。首先，它是人体中最大的消化腺。肝脏每天能分泌800~1000毫升的胆汁，它能加速人体对油脂的消化和吸收。其次，它是人体中非常重要的"化工厂"。食物中的营养物质，都要在肝脏中经过分解与合成等复杂的化学加工，才能被人体利用。一分钟流经肝脏的血液量高达1000毫升以上。据估计，人体中有2000多种酶，而肝脏就能生产近千种。肝脏还有解毒作用，并能向骨髓提供造血原料。总之，肝脏能做500多项工作，人体的种种活动，几乎什么也少不了它。

扁桃体应不应该摘除呢?

很多家长对"扁桃体"这个词并不陌生,因为小孩子几乎都会得扁桃体炎,有的还多次发作。这对位于悬雍垂(小舌头)两侧的腺体(腭扁桃体)一发炎,接着就会出现发高烧、咳嗽、咽喉肿痛等症状,对儿童的健康威胁很大。所以,很多家长认为扁桃体对身体有害,虽然自己的孩子从未得过扁桃体的疾病,也要求医生给孩子摘除扁桃体。

应该承认,扁桃体确实是个惹是生非的东西。据医学报告,儿童时期扁桃体发炎会引起中耳炎,使听力受到障碍。有时扁桃体并不发炎,但十分肿大,这也会使孩子的呼吸和饮食受到影响,进而还会影响到睡眠,天长日久就会影响智力和体力的发育。如果不能及时加以治疗,急性、亚急性或慢性扁桃体发炎都可能成为病灶,引起风湿性心脏病、关节炎或肾炎。甚至有的研究报告还认为,胆囊炎、银屑病(即牛皮癣)等也与扁桃体炎的致病菌——A 组溶血性链球菌感染后引起的变态反应有关。正因为这样,对于经常发炎的扁桃体,很多医生都采取手术摘除的方法。有人甚至主张,为了防患于未然,不如趁它尚未发炎时就摘掉。

摘除扁桃体对人体会不会带来不良影响呢?国外有人对扁桃体

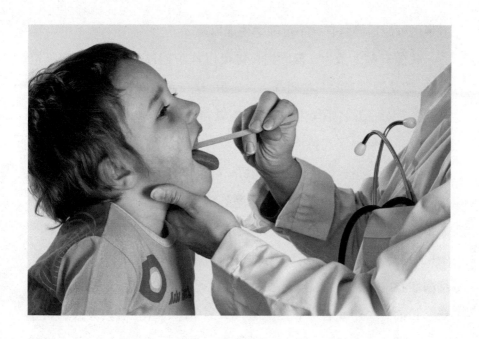

炎反复发作而摘除扁桃体的儿童手术前后的免疫学检验指标做了对比观察，结果显示，血清免疫球蛋白和淋巴细胞转化率，术前术后均波动于正常值范围。而且，术后细胞免疫功能似乎有所改善。因此，有些学者认为，在儿童时期摘除扁桃体并不会损害机体免疫系统的完整性，也不会降低机体的免疫活力。

但是也有不少人持相反的观点，尤其是近年来免疫学的迅速发展，更使人们对扁桃体的作用有了深入的了解。它是人体重要的免疫器官之一，属于外周淋巴样组织，可以产生具有免疫活性的 T 淋巴细胞和 B 淋巴细胞，中和和消灭许多病原体产生的多种毒素。这些淋巴细胞入血后，还能杀死细菌，增强机体免疫力，甚至还能分泌出一种助消化的酶和一种能调控糖代谢的激素。因此，有些学者主张尽可能地保留它，不可轻率地加以摘除。

从前有些人认为，摘除扁桃体可以预防感冒、喉病和上呼吸道感染。但是近年来的一些调查结果显示，这二者之间并没有明显联系。英国学者对三万名小学生的感冒、咳嗽和喉病的发生率进行了对比，其中有一半摘除了扁桃体，有一半没有摘除，结果是两组之间没有显著差异。这些学者认为，常规切除扁桃体毫无道理。

美国的医学权威兰伯特博士激烈地反对摘除扁桃体。他认为，为了预防感冒和保持健康而摘除扁桃体的做法是"现代医学上的一个错误"。他列举了许多事例证明，扁桃体摘除有可能引起肺脓肿、细菌性心内膜炎，甚至还有手术直接致死的情况发生。

目前，关于是否应该摘除扁桃体的争论还存在着较大的意见分歧，短期内无法统一。不过，不管你认为哪一种说法有道理，这场争论都会提醒你，当由你决定是否摘除扁桃体时，一定要持十分慎重的态度。